女人的活法

李 菊 编著

煤炭工业出版社
·北京·

图书在版编目（CIP）数据

女人的活法／李菊编著．－－北京：煤炭工业出版社，
2018（2023.9 重印）

ISBN 978－7－5020－6517－1

Ⅰ.①女… Ⅱ.①李… Ⅲ.①女性—修养—通俗读物
Ⅳ.①B825.5－49

中国版本图书馆 CIP 数据核字（2018）第 039094 号

女人的活法

编　　著	李　菊
责任编辑	马明仁
封面设计	浩　天

出版发行　煤炭工业出版社（北京市朝阳区芍药居 35 号　100029）

电　　话　010－84657898（总编室）

　　　　　010－64018321（发行部）　010－84657880（读者服务部）

电子信箱　cciph612@126.com

网　　址　www.cciph.com.cn

印　　刷　永清县晔盛亚胶印有限公司

经　　销　全国新华书店

开　　本　880mm×1230mm$^1/_{32}$　印张　7$^1/_2$　字数　200 千字

版　　次　2018 年 5 月第 1 版　2023 年 9 月第 5 次印刷

社内编号　20180045　　　　　定价　38.80 元

　　当掠过树梢的风不再惊起心中的涟漪，这时的女人已不再年轻。

　　虽说不同年龄段的女人总有其独特的魅力：20岁，如晨曦般纯情，灵动清澈；30岁，似彩霞般绚烂，多情炙热；40岁，像夜空般静谧，恬淡优雅……然而，当女人不再年轻时，难免会满怀苦衷，心生愁绪。

　　愁红颜褪色，两鬓染霜，没有了曾经引以为傲的街头回眸，没有了绿叶捧红花的娇宠；

　　忧身体染疾，健康衰退，不得不忍受病痛的折磨，不得不把生命流逝于困苦；

　　恐夫妻疏离，家庭不睦，快乐与幸福渐行渐远，以致夜阑

人静时，只剩下孤独与己相伴；

虑技艺落伍，职场受挫，失去了展现才能的工作机会，也失去了养家糊口的经济来源；

……

笔者也是一位不再年轻的女性，对同龄女性深切的苦恼和缠绕的愁绪颇为关注，为此奉献千言万语，其中有对您身心健康与美丽的忠告，如闺房挚友，娓娓道来，提醒您该如何养颜、塑身、强体、养心；有对婚姻的建议，如航标灯塔，指引您绕过潜伏的礁石，成功地将婚姻之舟驶向幸福的彼岸；有对职业的指导，如成功之手，带领您纵横职场，做令人羡慕、常开不败的职场玫瑰……

如果您是一位女性，请认真研读本书，进而身体力行，定能受益匪浅！即使自己不再年轻，也依然可以活得美丽、健康、快乐、自信、精彩！

如果您是一位男性，请把本书送给自己所爱的人，让她带着美丽、健康、快乐、自信，和您一起牵手走到幸福人生的终点！

目 录

|第二章|

平和心态，谱写幸福

|第三章|

心中有爱

|第四章|

老不避俏，重塑美丽

第一章

做优雅女人，让你魅力无限

女人的魅力源于气质

谁也无法抗拒岁月的印迹，青春和美貌不会永存，只有丰富的文化内涵所赋予女人的气质才是无与伦比的恒久魅力，它可以使女人成为"万绿丛中一点红"，也可以使女人美丽一生，魅力一世。

女人的美丽，已经被世人无数次地讴歌和赞美，文人骚客为此差不多穷尽了天下的华章。其实，在美丽面前，诗歌、辞章、音乐都是无力的。无论多么优秀的诗人和歌者，最后都会发出奈美若何的叹息！

美丽的女人人见人爱，但真正拥有令人心仪的永恒美丽的，往往是具有磁石般魅力的女人。那么，什么样的女人才具有魅力呢？答案是三个字：气质美。

女人的气质是女人魅力的源泉，也是女人最真实、最恒久的美。再美的女人，如果没有气质，也是一朵几近枯萎的鲜花，一潭永不流动的死水。相反，天生并不美的女人，即使是身着一袭布衣，一旦插上气质的翅膀，也会立刻神采飞扬、楚楚动人起来。

然而，在现实生活中，有很多女人只注意穿着打扮，而没有注意自己的气质是否给人以美感。

诚然，美丽的容貌，时髦的服饰，精心的打扮，都能给人以美感，但是，这种外表的美总是肤浅而短暂的，它如同天上的流云，转瞬即逝。而气质给人的美感是不受容貌、服饰、打扮和年龄的局限的，它就像一缕暗香，渗透于女人的骨髓与生命之中，让她们能够在面对岁月的无情流逝时，仍然能够拥有一分灵秀和聪慧，一分从容和淡泊。

特别是当一个女人年龄渐长，气质在她身上的必要性更为凸显。年轻的女人即便不漂亮，但是她的天真可爱也会让人怦然心动。过了30岁，你再伪装天真幼稚，那可就会让人大跌眼镜了，唯一的办法就是做个气质女人，只有从内到外散发的迷人魅力才更持久、永恒。

不过，想要做个气质女人可不是件容易的事。因为气质不是与生俱来的，不是用靓丽的衣裙装扮的，不是用高级化妆品涂抹出来的，也不是矫揉造作粉饰而成的，更不是刻意强求得来的。气质是"发诸内，形乎外"的东西，只能经后天培养、维护而获得。

1.懂得如何装扮自己

女人的外表展现着自身形象，也是体现气质的一个方面。因此，气质女人总懂得如何装扮自己。虽看似平常，稍不注意就会从眼前飘然而过，但当你止步注目，她身上总是有一些看似不经意的东西会让你细细品味。

2.把握说话的语调和语速

女人的声音以轻柔、圆滑为美，像一曲动听的音乐，给人以无限的憧憬、幻想、回忆。你可能会说："声音是天生的，我天生声音就是不好听，这怎么做得到？"话虽这么说，但是，你可以把握自己说话的语调和语速，语调抑扬顿挫，语速适中如溪水潺潺流来，这足可以体现一个女人的气质。

3.行为举止尽显气质

女人的气质在举手投足、待人接物上都可以展露出来。热

情大方，不浮躁做作，这就是气质的体现。

4.腹有诗书气自华

气质是内在的不自觉的外露，而不是表面功夫。如果胸无点墨，任凭用再华丽的衣服装饰，这人也是毫无气质可言的，反而给别人肤浅的感觉。

"腹有诗书气自华"，正如卡耐基所说："气质高贵的女性最重要的一条，就是由内而外散发的文化气质。"所以，想要成为气质女人，做到气质出众，除了穿着得体、言谈举止有分寸之外，平时要多看书、学习，以提高自身的文化知识素养。这样做了，气质就会不请自来。

5.保持快乐的心境

一个女人最闪亮、最有魅力的时候往往是她最快乐的时候。一个女人，如果每天板着脸，故作深沉或忧郁的样子，肯定不会吸引人。

情绪可以轻易改变一个人的气质。每天都学会保持快乐的心境，你会从内而外地发光。

6.做一个爱艺术的女人

爱艺术的女人呈现出古典韵味，这是很美、很有情趣的事。美丽的女子常见，然而，众多的男子喜欢上同一个女子，往往是看中了这个女子不落俗套的气质。

7.拥有与众不同的韵味

气质有多种，每个人所具备的也不尽相同，如同花有各种各样的味道，只不过是受到认可、受到欢迎，这种味道就被称之为"香"，反之，只能是孤芳自赏了。

聪明的女人不会盲目克隆别人的美，而是善于冷静地发掘适合自己的方面。她们知道，气质蕴藏在差异之中，只有不断创新，才能拥有与众不同的韵味，成为一个让人一见难忘的人。而刻意模仿、临时突击则是难以从根本上改变气质的，弄不好"画虎不成反类犬"，成为东施效颦，反而不美。

8.舞出气质来

学舞蹈是不分年龄层的，学舞蹈也不一定是为了当舞蹈家。学舞蹈，一可以锻炼身体，二可以塑造体形，三可以提升气质……

在舞蹈中要充满自信心，敢于表现自己，尽情地展现舞蹈动作。否则，就无法在舞蹈中表现出高贵、典雅、大方、勇敢的气质。

美丽出自天然，可爱乃是本性，真正高贵脱俗、优雅绝伦的气质，需要的是全方位的修养和岁月的沉淀。

　　因此，作为一个不再年轻的女人，你可以放弃许多，但绝不可以放弃对气质的追求，这种使女人像雨后彩虹般绚烂的法宝应牢牢握在手上。你可以不在意许多，但绝对不可以不在意自身气质的培养，这是生为女人毕生的功课。

情趣增添你的魅力

　　漂亮是女人的外表，情趣是女人的灵魂。女人没有情趣，就像男人不懂幽默感一样令人嚼之无味。女人有了情趣，就显得多姿多彩、富有生机。即使是在容貌苍老后，也能令人耳目一新、为之一动，魅力无法抵挡。

　　情趣能体现女人的漂亮与柔媚，使女人变得多姿多彩、富有生机。遗憾的是，不少女人在婚后便将全部精力转移到孩子、丈夫、家庭的生活琐事上，毫无情趣可言。

　　诚然，家庭生活需要井井有条，孩子需要健康成长。但在"料理生活"的同时，"培养情趣"是万万不可忽视的。

　　要知道，男人可以没有过多的情趣，只要有成功的事业便足够了。而女人，可以没有成功的事业，但不能没有情趣。因为女人没有情趣，就像男人不懂幽默感一样令人乏味。

　　正如卢梭所说："男人喜爱女人，并不是喜爱女人的性，而是喜欢生活在她们身边的一种情趣。"情趣反映着一个人的生命力与生活的基调。在未来的生活中，男人并不苛求女人在各个领域里能与异性并驾齐驱；男人渴望的是女人与男人有相同或接近的生命活力与情趣。

　　那么，什么样的女人才是有情趣的女人呢？

　　1.有情趣的女人博览群书

　　读书是一种良好的修身养性的方法，是一种高雅的生活情趣。女人如果拥有这种情趣，就能充分体验到生活的充实与乐趣，更多地发现生活中的真善美，调适情绪，陶冶情操，去追求美好的人生。她们不会像街头的"长舌妇"那样扎堆在一起，飞短流长，无中生有，搬弄是非。不过，读书一定要有选择性，那些情趣低级庸俗的书籍，读起来虽说流畅自如，红火热闹，但实在没有意义，看后没有启发，既浪费时间又浪费精力。选择情趣高雅的书籍，就会源源不断地从书中吸取好思想、好品德、好精神，就会使人的举手投足、一招一式都流动

着书的气韵。

2.有情趣的女人钟爱音乐

听音乐就像呼吸空气一样自然，不可缺少，而不是附庸风雅：当大多数人争先恐后地要冲入"神秘园"时，当每条大街上都有马修·连恩的低吟时，有情趣的女人总会莞尔一笑，她知道如何加强自己的修养。如果把听音乐比喻成吃饭，晚宴通常是郑重的：主菜是《图兰朵》、卡拉丝或者波提切利演唱的歌剧片段做背景音乐。如果有酒，那就要《蝴蝶夫人》——浓烈的味道像一杯苦艾酒，虽说使眼泪忍也忍不住，但让人心甘情愿地去感受。饭后的甜点不妨来一点格里格的钢琴小品，轻柔抒情的琴键敲遍全身，在每一处都印上静谧的音符。于是，在华灯之下，演奏着幻想，如同花儿绽放……释放出一阵阵令人回味的香气。

3.有情趣的女人宽容、通情达理、善解人意

她们知道用女人特有的细腻情感去读去感觉男人的心。她不会干涉属于他的自由空间，她只会用自己的心系着他的心不让他偏离方向；她会和他一起分享这份快乐，不管发生什么事她总会与他促膝交谈，相互沟通，决不喋喋不休地唠叨，不把丈夫当作挣钱的工具，不给丈夫一丝一毫的心理压力；她会

制造浪漫的空气供他呼吸，当他受累回到家时，她会递上一杯热茶，送上一句温情的问候，给他一个深情的吻，或者一个拥抱，使他放松心情，领略快乐。

4.有情趣的女人会尊重他的情趣爱好

她会被他的爱好感化。你看那体育场看台上，"万绿丛中一点红"的女性，尽管她不一定懂足球，是陪丈夫来"起哄"的，但她的情趣足以令其他男人羡慕不已。

5.有情趣的女人懂得生活

任何人的生活都不会是十全十美的。烦恼、焦虑、失望……总是悄无声息地从潘多拉的盒子里跑出来，伺机侵占我们惬意的心。凡尘中的你是不是被搅得焦头烂额了呢？而有情趣的女人会先把它们尘封，暂时"生活在别处"。待到心平气和、神清志明时再杀一个漂亮的回马枪。"诗意地生活"是她恪守的准则。所以，她总是生活得诗意盎然。清晨醒来，摘一朵白云放在衣袋里，于是一天的心情都会轻盈曼妙。即使工作繁忙，她也能忙里偷闲，适时地放飞心情：窗下的小草终于钻了出来；滴在纸上的墨迹像一只小狗；晚霞的色彩变幻莫测，想不出由哪些颜色来调和；雪花飘下来的时候一点儿秩序都没有，随意改变着方向……正是因为有这些小亮点，日子才不会

黯然。

6.有情趣的女人时刻让心保持温润

某个夜半时分，她会在枕旁的丈夫呼吸均匀之后悄然起身，打开书房的台灯，看一段杜拉斯，或李渔的《闲情偶寄》，或者，只是冥想。望着窗外如水的月夜，淡淡地任思绪在时空里飞舞，也许是想起了某段馨香的往事，一丝微笑绽放在唇边，晶莹得一如天上的新月。

7.有情趣的女人会生活

她打理起生活来秩序井然，又别有情趣。一盏橘黄色的灯，一串淡紫色的风铃，一扇粉红色的百叶窗，几个绣着古典花色的靠枕……那个属于她的家里，每一个细节之处，无不散发着温馨幽香、耐人寻味的浪漫气息，让劳碌奔波的男人回到家，拥有一份轻松快乐的心情。如果时间允许，她会做一顿丰盛的晚餐。一边听着花腔女高音的歌剧唱段，一边在厨房煎炒烹炸。收拾停当后，一幅色香味俱佳的"油画"跃然于桌上：烛光摇曳，格子台布与蓝印花瓷盘映衬出的典雅色调忽浓忽淡。觥筹交错，暗香浮动。细心品味的不只是菜肴，还有心情——吃饭不再是件简单的事情。

当然，有情趣的女人有时也会任性，发点小脾气。但事情

过后她不会太计较，也不会把过去发生的一些不快乐的事情翻出来数落，而总会用情趣活跃紧张的气氛，解除尴尬的误解，给空气增鲜，给生活着色，因为她想让生活过得更轻松、快乐、美好，想让男人有一份轻松愉快的心情。而男人也将会从这些情趣中感觉到幸福，感觉到女人有了情趣会更加有魅力！

如同山水画要有意境一样，有情趣的女人才能诱逗人心，才能体现出上天赠予女性的妩媚与柔美。做个有情趣的女人吧，给平淡的生活涂上色彩，让沉闷的生活充满生趣。试想，如果在紧张的工作之余，或挥毫泼墨，或摆棋对弈，或吟诗言志，或观花赏鱼，使一天的疲劳在轻松的消遣中化为烟云，不是一件很惬意的事情吗？

做优雅女人

　　如果说女人似水，那么优雅的女人就可以水滴石穿，用智慧获得爱与尊严。外在的美易随风而逝，肤浅也耐不起寻味，而优雅的女人则是用丰富的内心世界和对生活的智慧让自己永远成为一棵有101种风景的花树。

　　做一个魅力四射的女人是每个女人殊途同归的美丽梦想，但魅力不是靠模仿或追求时尚的东西就能得到的，它是靠自身的各个方面一点儿一点儿修炼出来的。适度展现迷人的优雅能增添自身的魅力。

　　一个女人可以有华服装扮的魅力，可以有姿容美丽的魅

力，也可以有仪态万方的魅力，却不一定优雅。一个优雅的女人，必然富有迷人的魅力，就像拥有磁石的吸力，能将别人的目光不离须臾地"套牢"。这样的女人即使鬓发苍苍，也会有种无法言说、令人心动的韵味。

优雅具有如此神奇的魅力，所以，没有哪个女人不想成为优雅的女人，但许多人又常苦于找不到优雅的秘诀，或抱怨缺乏应有的条件：

"我也希望自己长裙曳地、步履轻盈、仪表高贵地行走在华丽的宫殿里面，展现无限的优雅；我也希望在落日沙滩、椰树摇曳的美丽画面中悠闲地躺在长椅上，展现迷人的优雅。可是，我没有金钱，也没有时间，更糟糕的是，现代社会紧张快速的生活节奏已经不允许有优雅生存的空间了，为赶时间上班，只能在拥挤的公车或地铁上大口大口地啃汉堡而不顾任何不雅，你怎能要求我端坐桌前，举止文雅地一小片一小片撕好手中的面包，再从容优雅地放进嘴里呢？总而言之，对现代女性，尤其是上班族谈优雅是一种奢侈！"

确实，生存的压力让现代女性无法活得悠闲、精致，但是，我们至少应该尽可能地活出优雅品位来。俄罗斯女郎是浪漫而优雅的，哪怕她身上贫困得只剩下一个卢布，也要为自己

买一枝玫瑰花，而不是一块可以充饥的面包，这样的优雅不仅让人吃惊，也让人感动，甚至想为之流泪。

"女人可以老去，但要优雅"，所以，你不要以任何理由允许自己丧失魅力指数。何况，做优雅女人并不难，不需要很高的条件，也不需要花费太多的金钱和时间，一绺头发、一个眼神、一个动作、一句话语，无不让你优雅万分。正所谓"只要有心，立地成佛"，只要留意，优雅无处不在。

1.优雅秀发

每一种发型都有特定的性格内涵，麻花辫代表传统与天真俏皮。长波浪则有历经沧桑后的"成熟感"。而优雅是介于清嫩与成熟之间的完美状态，它反映在发型上通常表现为光洁低绾的发髻。不一定是规整的发髻，随意把长发绾起的小髻也同样简洁、动人。

除此之外，选择慵懒的卷发，也能在略显随意的动感中表露女人的优雅。同时，你还可做点同色系的挑染，在内敛中释放一点张扬，让优雅散发丝丝浪漫的气息。

无论选择哪种发型，都要经常做清洁、滋养。每次出门前，请记得重新上定型发品。不加修饰的头发，千万不要出现在众人面前。

2.优雅妆容

如同发型，妆容也可以通过塑造，由面部表现出优雅的气质。

整体妆容要力求薄、透，以营造细腻的肌肤质感。请用光泽度高的粉底液塑造清爽透明的自然肤色。

在涂眼影时，用接近肤色的黄色或咖啡色眼影，可以体现成熟的优雅；紫色眼影可显出浪漫的优雅；粉色眼影也是不错的选择。但要注意不可把眼影画得太浓。

眉毛可以修饰成长拱形，以给人优雅的印象。

用亮色系在颧骨周围打出长而宽的形状可以让人彰显优雅气质。

自然雅致、丰润的自然唇色和淡淡的玫红、紫红或浓烈的绯红都可予人优雅的高贵感觉。

3.优雅着装

优雅的着装风格，彰显着女人的生活品位。

无论是职业装、休闲装抑或礼服，都要注重颜色的选择，如悦目的粉红、白色可以营造出女性的柔和气质，赋予女性优雅高贵的内涵。此外，麦秸白、玉米黄、枯藤色、薄暮色等都是接近大自然沉思状态的色彩，它们身上洗尽浮躁之色焕发出几经磨砺与风霜之后的清淡之美，正是优雅的基础。

从款式上说，修长简洁的线条比"短小打扮"更能体现出卓越动人的典雅之美。短皮裙、短夹克是一种青春反叛性格的折射，也是愤世嫉俗的表现。而优雅是远离激愤的状态。优雅的宽容度最大，它可以对格格不入的衣着文化表示理解，但它决不随波逐流。缀有盘花扣的长马甲，长衬衣和略紧身的织麻马甲，及踝的印花土布裙，毛麻混织的烟土色裙，半长的露出一截秀丽的脚踝……这都是优雅的服装。

4.优雅配饰

配饰的重要性不亚于服装，尤其是女人随身携带的包袋，乃是女人"风华绝代（袋）"的魅力发射源。伊丽莎白女王为何包不离身？乃是因为那玲珑拎包是其整体气度的支撑点，少了一个包，优雅美就有了看不见的缺口。一般来说，拎包比挎包优雅，大包比小袋更具雍容风度。

富贵相太足的首饰是优雅的大敌。钻链、金项圈、大颗粒的钻石，自有其展示风采的场合，但与优雅无从亲近。什么是优雅的饰物？一块晶莹剔透的玉，穿以结有同心结的丝绳；陶片、大陶珠穿起的清陶项链；菩提子做成的灰色串珠都是不错的选择。

5.优雅站姿

风姿绰约的优雅女人，其站姿也是优雅的。

平肩、直颈、下颌微向后收，两眼平视；双手自然下垂，手臂自然弯曲，双腿要直，膝盖放松，大腿稍收紧；双脚并齐，两脚跟、脚尖并拢，身体重心落于前脚掌；伸直背肌，双肩尽量展开微微后扩，挺胸；重心从身体的中心稍向前方，并尽量提高。

另外，双掌轻轻搭在一起置于胸前乳房下方、肚脐上方的位置，会在视觉上使身体重心上移，显得双腿更加修长。

6.优雅坐姿

最常见的错误坐姿是：朝椅子的正前方走去，一边确定位置，一边捏着裙子，然后翘起臀部，一屁股坐下，然后随意将双腿往前伸，这样的动作极为不雅，还会使腿部看起来既粗又壮。

优雅的坐姿是：从45°的位置，斜斜地往椅子走去，同时用余光确定椅子的位置。坐下时，不要往后看，更不可倾斜上身，而应使上身保持直挺，从容不迫地坐下，先坐三分之一，再慢慢调整，坐在椅子的二分之一或四分之三处。坐好后，膝盖以下的腿部是直立的，正确的坐法会使双腿看起来好像相叠在一起。

7.优雅走姿

有些女人因为怕地上的脏水或脏东西弄脏鞋子或裤子，走路时身体向前倾，只有脚尖踢到地面，然后膝盖一弯，脚跟往上一提，腰部很少出力。但这样走路会使整条腿都变胖，腿肚的肌肉越来越发达，讨厌的萝卜腿也会出现。

很多日本女人都是内八字走法，看起来似乎很可爱，但"O"形腿就是这样形成的。而外八字走法会使膝盖向外，甚至产生"X"形腿。这些走姿既没气质，又不优雅。

要想走得优雅，应使重心始终放于两腿之间，脚跟先着地，保持两腿直立，并且要把体重有意识地放在大腿上。走路时，还要保持上身挺直，重心随脚尖逐渐向前移动。这种走姿如风行水上般轻盈、优雅，长期坚持下去，可使双腿变得更苗条。

8.优雅谈吐

优雅的语言是通往优雅之路的最内在的优秀禀赋。做优雅的女人，就要做到言之有礼、谈吐文雅。

首先，要学会说一口标准的普通话，这是优雅的最外在体现。

其次，用语要谦逊、文雅。如用"贵姓"代替"你姓什么"，用"不新鲜""有异味"代替"发霉""发臭"。又

如，你和友人来到咖啡厅小坐，当侍者来到桌前，朋友和你各点了一份咖啡，就在侍者转身欲行时，你叫住他补充一句："我那一杯请不要加糖！谢谢。"这句话不仅展现了你优雅的魅力，还能体现出你的文化素养以及尊重他人的良好品德。

再次，让声音低些，柔些。声音是女人裸露的灵魂，使用低缓、柔软的声音，才能让人觉得你是优雅、温柔、细心的女人。

最后，要懂得在什么场合说什么话，千万不要嚼着食物和人说话，更不要指手画脚、唾沫横飞地口吐秽语，这些都是最不雅的表现。

法国时尚界泰斗Dariaux说："优雅是一种和谐，它不同于美丽——美丽是上天的恩赐，而优雅是艺术的产物。"优雅是一首诗，总在寻常的平平仄仄中创设出崭新而美的意境；优雅是一首歌，总在舒缓悠扬的旋律中演奏出动人的篇章；优雅是一幅画，总让人有"可远观而不可亵玩焉"之感；优雅更是一种生活的智慧——优雅的女人知道如何展露自己的一颦一笑，知道如何安排自己的一举一动，知道如何高贵、优雅地出现在人们的视线中……

因为成熟更有魅力

女人因为可爱而更美丽，因为成熟而更有魅力。成熟女人是一杯陈年佳酿，是一本百看不厌的精装书，是一幅色彩斑斓的油画，是一段从容不迫的交响曲。有了"成熟女人"这个好词，女人就不再怕老了。

当女人不再年轻时，就过了如花的季节，年龄不芳，漂亮就像是握在手里的沙子，攥得越紧从指缝中流失得就越快。但是，有了一把年纪，也有了底蕴和魅力，从内而外散发出来的成熟气息，是小女孩儿那种绢花似的漂亮所不及的。

难怪有男人会如此评价说：年轻的女人像一本色彩绚丽的

时尚画册，虽养眼但只看一遍足矣；成熟的女人像一本内涵丰富的精装书，让人看过了还想看；年轻的女人又像一坛酿到半途的酒，底子是好的，只是离味道醇厚还有十万八千里；成熟的女人则像一坛陈年佳酿，口味清冽甘醇，让人喝了还想喝。正因如此，十之八九的男人在林黛玉、薛宝钗之间，都会果断地选择后者。因为宝钗显得更加沉稳和成熟。

那么，什么样的女人才可称为成熟的女人？当然，不是随便一个到了婚育年龄的女人就能够被称作"成熟女人"，家庭主妇也不是"成熟女人"的代名词。因为成熟与否，不在一个人的年龄，而在心智。

1.真正独立起来

你是不是总摆脱不了对别人过于依赖的心理？你是不是处处总要男人花钱？

成熟女人可不是这样，她们既不会凡事依赖，也懂得怎样用钱来更好地安排自己的生活。即使婚后锦衣玉食，也绝不会放弃自己的工作。因为她们知道，女人只有真正独立起来，才不会成为温室里弱不禁风的小花，才能站成一株山间临风摇曳的野菊花，在风雨霜露之中，总是披着它墨绿色的外衣，顶着淡紫色，并且拥有美丽的心情，迎着凉爽的秋风唱着属于自己的情歌。

如果你不想做藤的话，就独立吧！这是走向成熟的第一步。

2.抛却爱情幻想

少女时代的你，是个完美主义者，自己俨然是仙女下凡，一定要找个王子。对即将开场的爱情故事中的男主角，坚持着高大全的形象标准。后来你遇到了男人甲乙丙丁，相处下来都不怎么满意，于是开始觉得生活在远方、爱情在别处。再后来，你又通过朋友介绍遇到了男人ABCD，你以为自己阅人无数了，够成熟的了，于是由衷地感慨"早把男人看透了"以及"男人没一个好东西"云云。

其实，你还没弄明白自己压根就是个爱情幻想主义者。大家可以理解你在年少无知的时候所做过的那些爱情美梦，可是在现实中磨砺了这么久，你依然不肯脚踏实地地生活，一方面约会不断却总是不肯真情投入，另一方面又眼巴巴地盼望着极度浪漫的事情发生在自己身上。你如果总抱着这样的感情态度来生活，而不愿抛却爱情幻想，那么除了身体越来越成熟之外，你将一无所获。

3.杜绝冲动消费

那副墨镜，你是不是买了之后就扔进抽屉从此再也没有理

睬它？街边新开精品店里那个进口的娃娃，贵得离奇，你是否一时兴起买回家后再也没打开过盒封？

没错，你有着普天之下所有女人同样的爱好，痴迷于花钱收购一些根本用不上的玩意儿，你会在拥有它的瞬间，感受到唯"物"主义者的快乐，至于实用性、使用价值、性价比之类的术语，你很少在乎。难怪在别人眼里，你总是一个爱乱花钱的小姑娘，而不是一个相夫教子、持家有方的成熟女人。

所以，从现在起，就开始杜绝冲动消费吧，凡事量力而行，买东西再实际些，会让你更有成熟女人味。

4.不要过度任性

打从小女孩开始，你不用教就学会了吵着要吃雪糕，要买新衣服。长大了，你还是这样。周末丈夫要是没陪你过完逛街瘾，你也不管他是不是要加班或是公务应酬，就知道闹！

偶尔耍耍小性子、发发小脾气没关系，及时打住就行，男人就烦那种过度任性的，那种在任何场合之下都不替对方着想的女人，蛮横无理自以为是的女人，不换位思考顾及他人的女人，甚至专横跋扈极度自我的女人，在大家心目中不可能会是个成熟的女人。

成熟的意思里包含了懂得尊重他人，懂得善解人意，懂得体

察对方的情绪和苦恼。过度任性显然是性情不成熟的表现。

5.拥有开阔的胸襟

同事之间鸡毛蒜皮的小事，来回两句言者无意的调侃，让你感到十分不爽！你开始行动了，虽然没有绝对的恶意，但你控制不住要在背后说对方坏话，嘲笑一下她的糗事，讽刺一下她的着装……

而成熟的女人不会这么做，她们懂得求同存异。

6.心态平和，处变不惊

在遭遇困难、挫折时，你可能会扔东西，会哭闹，会仓皇失措，甚至还会寻死觅活，仿佛整个世界都毁灭了。

但是，令男人佩服得五体投地的成熟女人，在面对困难、挫折时，不会被自己的情绪左右，也不会在大庭广众下失态，而会用另一种心情驱散心头阴霾，吟一首轻歌，读一本好书，品一杯淡茶，或只是推开窗，眺望远山疾飞的归鸟。即使她们在遭遇失恋这样最令人心碎的烦恼时，也会坦然地对自己的"陈世美"说："慢走，请把门带上。"

是的，再棘手的事也能厘清头绪，再大的挫折都可以微笑面对。如果你想要成为一个真正的成熟女人，就应该保持一种"喜不狂、忧不绝、胜不骄、败不馁"的平和心态。心态

平和，女人就可以坦然面对逝去的岁月，哪怕是已开到极致的花，依然雍容华贵、仪态万千。

7.不断积累知识

如果说十五六岁花季少女年幼无知尚可原谅，那么，拥有花季少女双倍年龄的你，如果还跟十多年前那样简单幼稚，天真烂漫，情商智商没有明显提高，那就是你的不对了。

并不是你对明星八卦如数家珍就证明你博学，并不是你看的电视剧多就表明你对人生理解深刻，并不是你打字打得快就证明你电脑水平很高，并不是你会开玩笑就证明你是业务谈判上的能手……知识同样有深浅之分，涵养同样有深浅之别，这取决于为人处世点滴的日积月累，取决于你对自己的要求与期望。

如果和年轻人相比，你多的只是几年来的上班考勤记录，那么，迟早有一天你会失去长者应有的地位。

仅从单纯的女性美出发，肯定是年轻的比较好，因为年轻女人像一朵吐着芳香的花蕾，有着随时可以点燃的青春、俏丽的面孔。但是，成熟女人的历练、智慧、温暖、宁静、自信、性感所散发出的魅力暗香，更让男人无限向往。成熟女人具有熟苹果醇厚的香味，而不是鲜花肤浅的流香。

做温柔的女人

　　温柔像迷雾，它给女人平添一分朦胧与浪漫；温柔如轻风，它能拂去心头一切的惆怅烦忧；温柔似细雨，它能滋润一切干渴的心田；温柔是武器，它能征服世上最为剽悍粗犷的男人。如果你希望自己更妩媚、更完美、更有魅力，你就应当保持或挖掘自己身上作为女人所特有的温柔秉性。

　　说起温柔，人们总是给它插上自由飞翔的双翅，把它喻为闭月羞花、沉鱼落雁、轻歌曼舞、雅华乐章，还有人把它喻为最纯洁的水。水——那一汪汪清冽粼粼的水，是那么明净透彻、可亲可爱，多少人为它发出了由衷的感叹，多少人对它表

示了惊喜的礼赞——温柔之美啊！美就美在柔情似水。

　　著名学者朱自清在《女人》一文中对女性的温柔做了绝妙的描绘："我以为艺术的女人第一是她的温醉空气，使人如听着箫管的悠扬，如嗅着玫瑰的芬芳，如躺在天鹅绒的厚毯上。她是如水的蜜，如烟的轻，笼罩着我们。我们怎能不欢喜赞叹呢？……"由此可见，女人的温柔，是多么令人陶醉，多么令人沉湎，多么令人神往！

　　然而，与过去的女人相比，现在的女人鲜有柔顺体贴、小鸟依人的了。取而代之的，是作风像男性、满不在乎的所谓"新潮女性"。难怪经常可以听到有男人发出怨言："现在的女人都一副咄咄逼人的样子，一点儿也不温柔！"

　　当然，时代不同了，现代女性无论在生活还是工作中都很独立，不再需要向男人俯首帖耳。但是，有学问、有能力的女人固然令男人倾慕，但也不应该因此而失去女人所特有的温柔。

　　温柔是女人独有的处世法宝，是男人的甜蜜"杀手"，也是女人应有的宝贵品质。尤其是处于相对保守的东方社会，男人所期望的仍然是富有母爱温柔的女人。如果女人的行为太开放，言语太粗野，性格太刚强，只会令男人们望而却步。

　　观察你的身边，讨人喜欢、人缘好的往往不是那些"冷面美人""病态西施"，而是面相"喜性"、随和温柔的女人。即使她的学历不高、五官不精致，身材欠婀娜，但她很温柔，说起话来和声细语，足以让人顷刻间为之陶醉。

卢梭说："女人最重要的品质是温柔。"马克思则认为："女人最重要的美德是温柔。"温柔的女人，具有一种特殊的处世魅力，她们更容易博得人们的钟情和喜爱；温柔的女人更像绵绵细雨，润物无声，给人以温馨柔美之感，令人心荡神驰、回味绵长。如果你希望自己更妩媚、更完美、更有魅力，你就应当努力使自己成为一个温柔的女人。

当然，做温柔女人不能靠矫揉造作，也不靠换一套衣裙，举一杯红酒就可成就，你需要从以下几个方面来培养并释放自己身上作为女人所独具的柔性魅力：

1.通情达理

这是女人的温柔在为人处世方面的集中体现。温柔的女人一般都很宽容，她们为人谦让，对人体贴，凡事喜欢替别人着想，宁可自己吃亏，绝不会让别人难堪，更不会去轻易地伤害别人。和她在一起，一些内心的不愉快也会烟消云散，这样的女人是最能令人心动的。

2.富有同情心

富有同情心是女人温柔的最好表现。温柔的女人有一颗柔软的心，见不得别人的眼泪和愁容。对于老、弱、病、残、幼及境遇不佳者，她很少漠不关心、坐视不管，而总是会表现出应有的同情，并会尽自己最大的努力去提供帮助。

3.吃苦耐劳

温柔的女人具有吃苦耐劳的优秀品质，特别是表现在家庭生活方面。已婚女人不仅要相夫教子、孝敬长辈、勤俭持家，同时还要兼顾自己的工作。没有吃苦耐劳的品质是无法胜任的。

4.善良

女人的温柔还来自女人的善良。不善良的女人，冷漠无情的女人，纵使她倾国倾城，纵使她才能出众，也不是优秀可爱、温柔似水的女人。

5.性情柔和

温柔的女人绝对不会一遇到不顺的事就暴跳如雷或火冒三丈。为此，你特别要忌怒、忌狂，讲究语言美、形体美，把那些影响柔情发挥的不良性情彻底克服掉，让温柔之花为女人的魅力怒放。

6.细心体贴

让人心动的不只是一个女人做出了多么惊人的业绩，更多的情况下，是女人那种适时适地的细心关怀和体贴。和她一同出门时，你吃东西弄脏了手，她将备好的纸巾递上；衣服扣子掉了，细心的她正好带着针线；你下班回家了，她忙为你取来绵绵的拖鞋……这些细微之处充分体现了女人难以抗拒的温柔魅力。这种温柔也绝不是矫揉造作，而像一只纤纤玉手，知冷知热，知轻知重，理解男人的思想，体察男人的苦乐，只轻轻一抚摩，就给男人疲惫的心灵以妥帖的抚慰。

7.不软弱

温柔绝不是软弱。温柔是一种美德，是内心世界力量和充实的表现，是柔中有刚，柔韧有度。而软弱则丧失了自己独立的人格和独立的个性，绝非女性之美德。二者不可混淆。

总之，温柔是上天赐予女人的瑰宝，也是女人独有的魅力。女人正是依着自己那千种风情、万般妖娆的温柔性格，才给男人开辟了一个可以置身于其中的温馨世界，从而达到了爱情生活的美好和谐；才给男人创造了一个可以感受其内在的审美对象。同时，女性之柔也在同阳刚之美的对立统一中，找到了自身存在的价值，使女人的美感境界得以自由伸展和全面升华。

　　更值得回味的是，女人的温柔不但能够超越国家民族的界限，把它的芳香洒向世界各地，而且还可以突破时间年龄的约束，贯穿于女人的一生。因此，处于现代社会中的女人，不仅要保留自己独立的个性，也要保留那传统的温柔之美，这会让你受益无穷，也是你一生的魅力所在。

女人味给魅力加分

女人味就像上帝专门为女人量身定做的铠甲，它既能让芳华已逝的女人将自身的魅力延续下去，又能让充满斗志的女人永远洋溢着似水的柔情。聪明的女人在任何时候都不会丢弃这身铠甲，在与时间的斗争中，她们懂得了只有女人味才可以为自己的魅力保鲜。

女人味是什么？

是漂亮？不，女人味跟漂亮无关。漂亮的女人犹如一朵花，可能花瓣妖娆、姹紫嫣红，却不一定暗香浮动、疏影横斜，还会被时间的齿轮磨得失去光泽。而有女人味的女人像一

部厚厚的传世名著，让人永远爱读而且总也有些读不透。即使时光流逝，老的是岁月，年轻的是心灵。

是前卫？不，前卫不是女人味。一个夏天穿着吊带装、露脐装，即使在飞雪的冬日也把自己美丽的小腿冻在外面的女人一张嘴就吐出"国骂"，这是一种俗不可耐的"怪味"，只会让人远之再远之。而一袭布衣布履的女人因为自身散发出来成熟和知性美，会让人觉得犹如邻家姐妹一样亲切怡人。

是柔弱？不，弱不禁风也不是女人味。有女人味的女人不是病恹恹、意慵慵；有女人味的女人青春健康，肌肤红润，活力充沛，任何时候都光彩照人、灿烂依然。

其实，女人味指的是一种人格，一种文化修养，一种品位，一种美好情趣的外在表现，当然，更是一种内在的品质。简而言之，女人味就是女人的神韵和风采。

一个女人如果没有女人味，就像鲜花失去了香味，明月失去了清辉，毫无魅力可言。一个有女人味的女人，就像深山的幽兰，暗香浮动，让人心动；又像静静绽放的茉莉，沁人心脾，令人回味无穷。纵使时光荏苒，她不再年轻，但她散发出的成熟妩媚的女人味，也依然会使她成为人群中最闪亮的一颗星。

可遗憾的是，现实生活中有许多女人，一到中年便万事皆休，任皮肤发黄皲裂，任头发乱成一团，任服装永远过时，任大腹永远便便，甚至，任嗓子粗哑，任举止粗俗，任精神荒芜……这种心灵上的皱纹比脸上的皱纹更让人痛心。

青春永远只是人生的美丽过客，无法把握，失去了无须惭愧。但女人味是女人自己的，把它丢失了则全是自己的错！

因此，请珍惜这份上苍赐予的华美礼物吧！提升自己的女人味，让女人味为魅力保鲜，应该是每个不再年轻的女人必修的功课！

当然，提升女人味并非易事，需要注意以下几点，才能调出独具魅力的醉人味道：

1.穿高跟鞋

穿着薄丝高筒袜，踏上一双合适的高跟鞋，亭亭玉立，女人味是难以言表的。男人对女人腿的好奇是每时每刻的，其视线会经常停在你的大腿上，所以，要十分注意自己的腿与高跟鞋的配合，它会给你引来众多羡慕的目光。

2.适度裸露

很多男人都认为性感的女人是最有女人味的。所以，你不妨通过适度的裸露来表达自身潜藏着的性感。对颈部有自信的女人，穿"V"字领的衣服，再搭配以金项链，即能衬托美丽

的颈线；对肩部有自信的女人，穿削肩、直筒形服饰；对胸部有自信的女人，可以穿透明衬衫搭配同色系的花边胸罩，或多解开一个衬衫的纽扣；对腿有自信的女人，宜穿迷你裙，若穿长裙的话，宜露出足踝。

3.使用香水

香水的缕缕幽香能诱发出女人独特的韵味来，若是你能巧妙地使用香水，会使你更显女人味。因此，你应该选择一些能撩起别人幽思的香水，并最好是使用某种固定牌子的香水，那将成为你的专有标志。

一般人多把香水洒在手帕、衣服上，这不但使香味易于消失，而且会使衣服招致虫蛀。也有些人爱把香水涂在发根、耳背、颈项和腋下，这也不好。最好的办法，是把香水涂在肚脐和乳房周围，另用一小团棉花，蘸上香水放在胸罩中间，这样不但能使香味保持长久，还可以使香味随着体温的热气，向四面八方溢散。

4.含蓄

"犹抱琵琶半遮面"的含蓄并不是柔弱的表现，恰恰是美的昭示，尤能刺激人的丰富想象力，甚至使人着魔入迷，如痴如醉。所以，无论你是白领还是蓝领，也无论你是初为人母，还是儿女已经长大，作为女人的你，永远不要喋喋不休，大大咧咧，风风火火，那只会让你的女人味大打折扣。要记住，含蓄能为你带来某种神秘感，也是最有女人味的表现，最能激起男人好奇的欲望，它的作用远胜过千言万语。

5.表现"脆弱"

适当表现"脆弱"是营造女人味的秘诀，这种"脆弱"既可表现在生理上，一副弱不禁风的模样，也可表现为精神方面的"脆弱"，像怕打雷、怕蟑螂、容易掉眼泪等。

有的女人不愿承认自己是一个"弱"者，总是在男人面前表现出一副咄咄逼人的"强"者姿态，结果自己的"女人味"反而被另一个女人偷走。她们不知道弱与强可以相互转化。你男人不是强吗？那么我们就把"弱"强化，做一只楚楚动人的小鸟，用"温柔"来缠住你。缠你的目的很简单，只是要你三个字的许诺；缠你的期限不长，只要一辈子。

6.爱花如己

女人总是与花连在一起，女人如花，花就是女人。许多花名的背后都有一个关于女人的忧伤故事。如桂花、水仙、蔷薇、丁香、断肠花。因此，对女人来说，爱花就是爱自己；对男人来说，不爱花的女人是没有女人味的女人。想想，黛玉葬

花之举赢得了多少人的怜惜。

就像森林没有飞鸟，就像玫瑰没有清香，没有女人味的女人总会令人感到失望。那些聪明的女人在任何时候都不会丢弃自己的女人味，在与时间的斗争中，她们懂得了只有女人味才可以使自己永久保持魅力。

第二章

平和心态，谱写幸福

心态平和

唯有心态平和如镜，女人才能不眼热别人的显赫权势，不嫉妒别人的荣华富贵，不乞求声名鹊起，不羡慕豪宅美第，心平气和地做自己的工作，安安稳稳地过自己的日子，勤勤恳恳地写自己的人生。

"平和"是一种成熟的心态，又是一种可贵的处世态度。它不是看破红尘后的心如止水，而是渡尽劫难时的嫣然一笑；它不是饱经风霜后的麻木迟钝，而是历尽沧桑时的豁达大度；它不是屡战屡败后的无奈自遣，而是云起云飞时的宠辱不惊。

正如一位作家说："谁会不爱一个平和的心灵，一个心

若止水、不温不火的生命？"一个人如果有了平和的心态，就能展现出"泰山崩于前而色不变，虎狼行于前而心不惊"的慑人魅力，就能平静地对待生活中的一切；就会看一切都赏心悦目，听一切都如闻仙乐，想一切都心旷神怡；就会遇什么都左右逢源，做什么都得心应手，干什么都事半功倍；就不会斤斤计较个人得失，拼命在乎个人荣辱，紧紧抱住个人恩怨；就会站得更高，看得更远，想得更透；就会洞若观火，静观其变，变中取胜；就会像至人一样无己，像神人一样无功，像圣人一样无名；就会像宋荣子那样"举世誉之而不加劝，举世非之而不加沮"。

　　然而，在这个追求速度与效率的现代社会，不少女人一天到晚就像陀螺一样转个不停，心灵的安宁渐渐被浮躁和物欲奴役，心态的失衡使她们看什么都不顺眼，见什么都生气，听什么都发脾气，想什么都烦心，若到极处，甚至可能铤而走险。

　　在所有的生命价值中，最重要的是保持心态的平和，这种平和能够化解浮躁暴戾之气，远远超过了权势、财富、名利的意义。因此，在浮躁不安的现实中，女人如果想从容而淡定地做最美丽的女人，就应该让自己的心态始终平和如镜。

1.仰望宇宙和静夜

每当繁星满天的时候，也许是人感悟生命、修养心灵的最佳时刻。仰望浩瀚的宇宙和无边的静夜，你会强烈感受到平和、安静的力量。斗转星移，月圆月亏，一切宇宙的玄机与奥妙都归于平静，而在这无限的平静中，又蓬勃生发着多么神奇的力量啊！历史上很多伟人及智者都是夜的倾慕者，他们汲取着夜的精深与睿智，来滋养心灵的平和、安静。

2.摒弃琐事烦扰

在百忙中，在红尘的喧嚣中，你可以偶然丢开一切，给自己放一天假，静下心听听音乐，练练书法绘画……借以疗养身心；你也可以什么都不做，只是静静地坐在窗前悠然遐想，让自己的心灵达到"宁静而致远"的境界。

当然，要一个忙得不可开交的人忽然放下所有的事情，的确很不容易，但每个人都需要有段空闲时间。现实生活竞争激烈，如果不留些时间给自己，将会使自己愈加紧张、烦躁，也会影响到他人的工作和生活。

3."气和"才能"心平"

养生专家都强调"气和"。气顺了，转化为足够的活动能量，身心获得舒展放松，心态自然而然就会平和下来。所以，

生活中，你要多吃一些顺气食物，比如萝卜，能顺气健胃，最好生吃，有胃病的女性可将其做成萝卜汤喝；藕也能通气，还能健脾和胃，养心安神，以水煮服或稀饭煮藕疗效最好；山楂可顺气止痛、化食消积，适于由气导致的心动过速、心律不齐等患者。

4.运用语言和想象放松

通过想象，训练思维遨游，如"蓝天白云下，我坐在平坦的绿茵上""我舒适地泡在浴缸里，听着优美的轻音乐"，让自己得到短时间的精神小憩，你会顿感安详、宁静与平和。

5.选择和缓的运动

过于剧烈的运动会造成大量流汗，流失大量体液，心情也易烦躁不安。选择和缓的运动，保持呼吸平稳、从容不迫，身体内极细微的血管或经络才有机会得到足够养分。比如，打太极拳，练气功或跳元极舞都是不错的静心运动。

6.做到无私无我

有私，就有欲。而有欲，就难以平衡心理、平和心态，就难免钩心斗角、争名夺利。而有"我"，就无"他"。无"他"，就会只替自己打算，不为别人着想；就会私欲膨胀，为所欲为。但如果无私无我，其情形就会大不相同。无私，则无欲。而无欲则刚，无欲则强；心底无私天地宽，胸中无欲心态平。而无"我"，则有他。有他，就能胸怀开阔，顾全大局；就能容纳万物，逍遥自乐。一句话，心中无私，胸中无我，才能心态平和。

7.善于自我控制

生活中的你不可能不受到非议、误解、侮辱，甚至有人在背后搞你的鬼，给你小鞋穿。此时的你，绝不能"一言之忤，则勃然而怒；一事之违，便急然而发"。而应该善于自我控制，学会忍耐，就像俄耳浦斯那样，拨弄心灵的竖琴，奏出平静安详的音乐。不用多久，你就会发现自己的心态已趋于平和。当然，这种平和绝不是软弱、怯懦，在平和的人看来，用成功所带来的巨大震撼力和教育作用来还击庸人才是最有力的武器。所谓"大怯似勇，大勇似怯"是也。

8.要宠辱皆忘

因为忘了"宠"，就会平静对待"喜"：连连受奖也不会喜形于色，连续获胜也不会得意忘形，连升三级也不会忘乎所以。忘了"辱"，就会正确对待"忧"：连连受挫也不会彷徨徘徊，接连失败也不会痛哭流涕；连贬三级也不会痛不欲生。而忘了"宠辱"，就无所谓"喜"与"忧"：就不会为喜事不

断而高兴，为忧事连连而悲哀；就不会为接连成功而失态，为连续失败而气馁；就不会为虚荣所左右，为失利而忧心。

9.培养广泛的兴趣

没有广泛的兴趣，生活单调，与那些有着一两项令人羡慕的兴趣爱好的人相比，心中往往平添几分嫉妒。正如王蒙所说，人生要多有几个"世界"，多几分兴趣。因此，想要拥有平和的心态，你应该试着培养广泛的兴趣：可以选择阅读开阔眼界，用他人的文字来净化自己的心灵；也可以多多欣赏音乐，试着让每一个音符都走进你的灵魂，让珠玑般的韵律落入你的心中，让灵魂真正经受洗礼。

10.不要放弃信念和追求

心态平和，不是放弃信念，放弃追求。没有信念，是庸人的平静，是俗人的平庸；没有追求，是懒汉的平淡，是懦夫的平和；是无为的表现，是无用的别名。心态平和是志存高远，是信念坚定，是有为有用。如此，才能真正心态平和，干出一番事业，创出辉煌人生。

平和如镜的心态属于智者，属于强者。有了平和，寒冷的日子里，生命会尝试着点击春天；有了平和，倦飞的小鸟会在枝头从容地梳理自己的羽毛；有了平和，蓄势待发的航船会在

港湾期待新一轮的远行；有了平和，疲惫不堪的心灵会减去几分沉重，增添几分轻松、几分愉悦、几分自信、几分胜算！因此，女人无论身处何时何地，都应该对自己的心说："平和，安静！"

让快乐永驻心田

快乐的女人也许不是最出色的,却像一缕和煦的春风,能给人带来轻松愉悦,吸引人们向她走去;快乐的女人不一定比别人拥有更多的幸福,但她总能发现花儿原来可以这样红,树儿原来可以这样绿,生命原来可以这样灵动与美丽。

快乐,是幸福生活海洋里激起的美丽浪花,是生命乐曲中振奋人心的音符,是一种积极向上的人生态度。女人拥有了快乐,就能享受生活的绚丽多彩;女人拥有了快乐,就能永葆青春与健康;女人拥有了快乐,就能给人带来轻松愉悦。

然而,环顾身边的女人,漂亮能干的不少,却鲜有真正快

乐的，烦恼、苦闷和忧郁写在她们的脸上，"郁闷"也是她们口中的高频词。

"生活中的烦心事真是不少，不说工作的压力、岗位的竞争、职位的高低，光家里的事，就够我们女人忙活的了，还怎么能快乐得起来呢？"可能不止一个女人说过诸如此类的话。

其实，在你身边有许许多多快乐：温馨的家庭使人快乐，富有挑战性的工作使人快乐……只要你撇开世事的枷锁，你便可以发现快乐，重拾快乐；只要你能用一颗毫无功利的纯净之心去感受，快乐就会像雾像雨又像风一样，时刻萦绕在你的身边。

1.不要为快乐设定条件

心理学家忠告人们，为了获得真正的快乐，千万不要为自己的快乐设定条件，如"只要我赚到一万元，我就开心了。""我只要搭上飞往巴黎、埃及、维也纳的飞机，就快乐了。""我到60岁退休的时候，只要躺在沙滩上晒晒太阳就满足了。"这样的设定不仅会给人带来更多的压力，还会让人感觉不到当下的快乐。生活中的快乐，不应该有条件。

2.培养幽默气质

快乐的女人，应该是有些幽默感的女人，这样的女人能有效地传递出心中的喜悦，并感染到邻里、同事、朋友，使大家

都沉浸在快乐之中。所以，你要培养幽默的气质。比如，换个角度说些新颖、轻松的话，多学会几则幽默、笑话。这些都能让你成为一个给人带来快乐的开心大使，还可以让你的人生充满乐趣。

3.学会对自己微笑

如果你把自己打扮得很漂亮，不妨给自己一个微笑；如果你做成了一件事，不妨给自己一个微笑。当习惯了给自己笑容，你就能够轻松地给别人微笑，就能将快乐牢牢地锁于心田，就能拥有最乐观、最积极的人生。

4.多想事情阳光的一面

生活就是这样，你给了它微笑，它也会回赠你一分明媚的心情。因此，当被阴云笼罩时，你不要忧伤，更不要垂头丧气，因为越是在负面的情绪里走不出来，就越笑不出来。而要多想想事情阳光的一面，多想点高兴的事，让自己笑起来，也许困难就会在灵光一闪的时候轻松解决。何苦为已经发生的事烦恼呢？

5.简单、随意地生活

许多哲人忠告人们："简单生活能够使人幸福和快乐。"随意的生活能够让人幸福和快乐，而过于追求自己难以达到的

所谓高标准的生活，往往会让自己痛苦不堪。

因此，女人绝对不要去追求那种复杂的、不切实际的生活，那只会给你带来更多的压力和苦恼。学会随意、简单地生活，那么，你就能够随时感觉到人生的幸福和快乐。

比如，当你忙完了家务，细心体贴的丈夫为你端过一杯热茶，清新的茶香、悠扬的乐曲萦绕飘荡，孩子趴在你的怀里，望着窗外的阳光、小鸟，目光里透露出快乐与惊奇，咿咿呀呀地对你诉说着，你会感到生活是那么充实，那么温馨而又幸福，不是吗？

6.结交朋友

在人的一生中，可以没有金银珠宝，也可以没有名誉利益，但就是不能没有朋友。一个人如果没有友谊，就会感到孤独寂寞，不可能有更多的快乐。因此，要想做快乐的女人，就需要敞开心扉，主动去结交朋友。至于结交什么样的朋友，这要根据各人的要求去选择。对待朋友，应本着尊重、友爱、信任、互助的态度，努力使友谊淳厚、持久。遇到不愉快的事情或矛盾时，要多和朋友交流，一是可以"一吐为快"；二是他们可能会告诉你问题在哪里，使你"茅塞顿开"，避免你走进"死胡同"。闲暇时，也可和朋友一起去逛逛街，吃吃饭，看

看电影，以充实单调的生活，并让自己获得无限的乐趣。

7.知足者常乐

俗话说："知足者常乐。"多奉献少索取的人，总是心胸坦荡，笑口常开。整天与别人计较工资、奖金、提成、隐性收入，老是抱怨自己吃亏的人，的确很难快乐起来。

8.勤奋工作

勤奋工作不仅能够充分发掘人的潜能，给予人充实感，从中获得一种被认可的自信和激情，还能刺激人体内特有的一种激素的分泌，让人处于一种愉悦的状态。

9.尝试新事物能带给你快乐

玩一种纵横填字游戏，观察奇、特、险的东西，尝试一种新办法等，都会给人增加快感，快乐的女人应多做这些事情。

10.改善坏心情

当扫兴、生气、苦闷和悲哀的事情降临时，可以去散散步、打打球、游游泳；或者吃一颗糖，吃一块点心，让甜甜的味道弥漫在你发苦的嘴里。再不行，干脆倒头睡一觉，等一觉醒来，也许会发现，事情并没有你想象的那么糟，你的坏心情也就能得到大大改善。

总之，做个快乐的女人并不难！即使你是一个满怀忧伤

的女人，把自己的心浸泡在不幸的苦涩中，沉沦悲观，无法自拔，但只要你掌握快乐的方法，调整好自己的心态，快乐就会离你越来越近，你就会发现让快乐永驻心田对你来说并不是奢望。

培养积极的心态

生活中总有些挫折会让你措手不及，对此你可以哭泣着放弃，也可以微笑着面对。优秀的女人会选择后者，她们总是运用积极的心态去面对挫折，挫折只能让她们变得更优秀，更强大！

每个人都随身携带着一种看不见的法宝，它的一面写着"积极心态"，另一面写着"消极心态"。

积极的心态是成功的催化剂，它能给人以温暖和力量，使人充满进取精神，充满冲劲和抱负。即使遭遇困难，也能让人以愉悦和创造性的态度走出困境，迎向光明。

相反，消极的心态则会使人变得畏缩、阴郁、懒惰，使

人无法面对一个个人生挫折，挑不起生活的重担，只能自甘沉沦，被挫折击垮。

成功大师戴尔·卡耐基说："积极的心态就是心灵的健康和营养，能吸引财富、成功、快乐和健康；消极的心态却是心灵的疾病和垃圾，不仅排斥财富、成功、快乐和健康，甚至会夺走生活中已有的一切。"

心态决定命运。因此，女人，尤其是处于困境中的女人，要想突破生活和命运的樊篱，必须设法调整自己的心态，以一种积极向上的心态去面对人生，迎接挑战，并积极打破一切烦恼、忧虑的屏障。

要让自己拥有积极的心态，需要遵循以下几个原则。

1.学会从积极的方面看待人与事

曾经有两个囚犯，从狱中望窗外，一个看到的是泥土，一个看到的是繁星。面对同样的遭遇，前者持一种悲观消极的心态，看到的自然是满目苍凉、了无生气；而后者持一种乐观积极的心态，看到的自然是星光点点、一片光明。任何事物都有两个方面，如果你要让自己的心态变得积极起来，首先就要学会从积极的方面看待事物。尤其是当你因愿望没有实现而苦恼，又无法改变现状时，不妨换一个角度去看问题，以消除因

愿望没有实现而产生的消极心态。

2.不要总用批评的态度对待人与事

中国前国家足球队教练米卢对足球的理念是态度决定一切！如果你的态度消极，你就会去做消极的事，习惯性地去发现事物的缺点，对什么事都抱着怀疑的态度。这种态度的后果就是你看待事物越来越没有信心，越发消极自卑。多从表扬、称赞的角度对待人与事，你就会习惯于发现事物积极的一面，你就会学会积极的思维模式。

3.要与心态积极的人交往

"近朱者赤，近墨者黑"，人往往在不知不觉中受到别人的影响。因此，你在择友上必须慎重，最好远离那些心态消极的人，多交一些有干劲、乐观爽朗、处事练达的朋友，使自己常处在积极的氛围中。

同时，在与朋友的交往中，要学会适当而真诚地赞美对方，这不仅有利于生活的幸福和事业的成功，还有利于创造出一种和谐的气氛。

4.多看一些积极的书

平时多看一些成功励志方面的书，或看一些名人的成长史，他们的经历会激励你，并使你找到培养积极心态的良策。

比如，虽然爱迪生只接受过三个月的正规教育，但他是最伟大的发明家；虽然海伦·凯勒失去了视觉、听觉和说话能力，但她鼓舞了无数人。

5.时刻心存感激

在日常生活中，持有消极心态的人常常对生活充满抱怨。有这样一个故事：一个女孩因为没有鞋子而哭泣，直到她看见了一个没有脚的人。人们常常不去珍惜身边所拥有的，而当失去时，才又悔恨不已。拿破仑·希尔认为，如果你常流泪，你就看不见星光。对生活中一切美好的东西，人们要心存感激，那样人生就会显得美好许多。

6.心怀必胜的信念

即使你处境不利，遇事不顺，也不要消极地认为什么事都是不可能的，更不要躲起来，使自己变得更懦弱，而应该秉持"我能行，我能成功！"的必胜信念去尝试，去克服，突破重围，砥砺出积极的心态。

7.克服不良习惯

日常生活中，不良习惯就像一个幽灵，会不时地冒出来，扰乱人的思想，妨碍人的学习、工作和生活。如果你自制力不强，对这些不良习惯警惕性不高，它就会削弱你的意志，让你

不思进取。所以，要培养积极的心态，你就必须放弃凡事找借口、办事拖沓等不良习惯，高标准严要求，学会给自己"挑刺"，不断完善自己。

8.淡化消极的情绪

当你感到情绪消极时，不妨把注意力转向其他事物，以淡化或忘记紧张、焦虑的情绪。如心情不佳、忧愁郁闷或发怒时，最好去大自然中散散步，饱览广阔无垠的大地，或听听轻松愉快的音乐，或去看看喜剧电影、幽默漫画，或与人聊聊天，参加一些公益劳动；或去逛逛街，买件自己喜欢的小玩意儿等，均可以在一定程度上排遣内心的消极与不快。

9.使用自我激发性的语句

要培养积极的心态，你还需改变你的习惯用语，比如，不要说"我真累坏了"，而要说"忙了一天，现在心情真轻松"；不要说"他们怎么不想想办法"，而要说"我知道我将怎么办"；不要说"为什么偏偏找上我，上帝"，而要说"上帝，考验我吧"。经常使用这一类自我激发性的语句，并使之融入自己的身心，就可以保持积极的心态，抑制消极情绪，从而形成强大的动力，达到成功的目的。

调整你的心态

　　喜欢嫉妒是傻女人做的事，聪明女人不嫉妒，既不嫉妒别人的靓丽，也不嫉妒别人的苗条，更不会因此而黯然神伤。因为她们理智，她们清醒，她们更爱行动，就在别的女人因嫉妒而怒火中烧之时，她们早就悄然上路了，从从容容地朝着既定目标前进了。

　　为什么她能有如此完美的身材？为什么她能随心所欲地穿任何一件衣服？为什么她嫁了个好老公？为什么她家孩子能考上名牌学校？为什么对面的同事总是能得到老板的夸奖？为什么当年大学的好友现在都比自己挣得多？⋯⋯

　　从身材到容貌，从工作到家庭，从老公到孩子……很多女人都是如此，穷其一生总是把自己的目光集中在别的女人身上，与她们进行着无休无止的比较，然后便产生强烈的嫉妒。

　　嫉妒，其实是心态不平衡的表现。有嫉妒之心的女人，往往比较自负，看不起别人。而当别人取得一些成绩时，她的心理便会失去平衡，总要千方百计地给那些优于自己的人制造种种麻烦和障碍：或打小报告，无中生有，唯恐天下不乱；或做"扩音器"，把一件小小的事情闹得满城风雨；或丧失理智，做出伤人、杀人等极端行为来。古往今来，因嫉妒导致的令人扼腕叹息的悲剧绵延不绝。难怪莎士比亚发出感叹："妒忌，你使天使也变成了魔鬼。"

　　另一方面，嫉妒者也不是一个胜利者，因为她长久处于所愿不遂的嫉妒情绪的煎熬中，不仅使自己停止不前，还使自己的身心健康受到严重影响。医学家已证实，当怒火中烧却得不到及时、适宜的发泄时，内分泌系统会功能失调，导致心血管或神经系统功能紊乱，久而久之会导致器官功能和免疫力下降。

　　嫉妒就如同女人心底里隐藏的一株毒草，一旦开始发育，它便会使女人疯狂起来，不但毁了别人，也毁了自己。那么，具有嫉妒心态的女人应该如何克服或调整这一不良的心态呢？

1.恰当定位，期望合理

有些女人对自己某方面的要求比较高，但是，在现实中往往达不到理想的高度，如对成绩的希望、才能的希望、长相的希望等，当理想的自我与现实的自我之间产生了较大的差距时，不平衡自然就产生了。因此，克服嫉妒心态的第一条就是"恰当定位，期望合理"。

2.明白自己的优势所在

把你的优点都列出来，写出你的特长，写出朋友、同事以及你身边的人喜欢你哪些方面，把你的优点归纳在一起，这样你就会明白自己的优势所在。这一做法叫"自我完善系统"，它可以使你增强自信心、克服自卑感。

在这一基础上，你将你所嫉妒的人做一个全面深刻的分解，了解被妒者为自己的成功和幸福所做出的种种努力和牺牲。这样你的嫉妒心理、恼怒情绪就会减少，心理就会平衡。

3.不要和别人攀比

有些女人明明囊中羞涩，却偏偏爱攀比富邻：同事买了名牌衣服，她要紧步后尘；朋友家更新家具电器，她要迎头赶上……生活困难，她可以勒紧裤带；积蓄不够，她可以四处借债。不管人怎样受罪，只要面子上好看就行。

常言道："人比人，气死人。"每个人的情况不同，不要盲目与别人攀比，否则，不仅会让自己的生活陷入窘境，还会让自己产生"恨人有，笑人无"的嫉妒心理。

4.用快乐治疗嫉妒

快乐的心药可以治疗嫉妒，是说要善于从生活中寻找快乐，就像嫉妒者随时随处为自己寻找痛苦一样。如果一个女人总是想：比起别人可能得到的欢乐来，我的那一点快乐算得了什么呢？那么她就会永远陷于痛苦之中，陷于嫉妒之中。快乐是一种情绪心理，嫉妒也是一种情绪心理。何种情绪心理占据主导地位，就要靠自己来调整。

5.学会自我安慰

自我安慰又称酸葡萄或甜柠檬心理。"酸葡萄心理"出自《伊索寓言》，是说饥饿的狐狸因吃不到树上的葡萄，便说葡萄是酸的，吃不得，以此安慰自己。它是人们得不到某物或不及某物而贬低该物的做法。如有的人因自己相貌一般，便自我安慰说："漂亮有什么用，又不能提高业绩。""甜柠檬心理"与酸葡萄心理恰恰相反，它是对自己原本不满的事物大加赞赏、数其优点的做法。如进入一家普通的公司，却大说特说其好处。

　　自我安慰法看似消极、愚蠢，甚至可笑，像鲁迅笔下的阿Q，但是，它可以在心理不安、苦恼时进行心理自卫，以求得心理的平衡，从而消除嫉妒滋长的温床。

　　6.少一分虚荣

　　虚荣是表面的荣誉、虚假的荣名，但很少有人能够不为虚荣所动。在日常生活中，一个羡慕的眼神会使人神舒心悦，一句大而无当的恭维会使人眉开眼笑，一句言过其实的赞誉会使人沾沾自喜，一个毫无实质意义的头衔会使人引以为荣……许多虚荣心强的人在得不到虚荣的甘霖滋润时，便会想方设法谋取虚荣：有的人每有客来便要出示他与名人的合影；有的人常常津津乐道他曾与某显要共进晚餐；有的人总爱不厌其烦地向别人介绍他的富亲贵戚……

　　但是，英国思想家培根发出这样的忠告："虚荣心强的人，最易妒忌。"虚荣心是一种扭曲了的自尊心。自尊心追求的是真实的荣誉，而虚荣心追求的是虚假的荣誉。对嫉妒心理来说，它要的是面子，不愿意别人超过自己，以贬低别人来抬高自己。这是一种虚荣，一种空虚心理的需要，所以，克服一分虚荣就会少一分嫉妒。

7.赶超比自己强的人

嫉妒是一种病态的心理，对一个人的成长有极大的危害。因此，当发现有人比自己做得好、比自己能力强时，与其花费时间和精力去嫉妒别人，还不如从别人的成绩中找出自己的差距所在，然后振作精神，向他人学习。这样，便有可能在一种积极进取的心理状态下，迸发出创造性，赶上或超过曾经比自己强的人，成为一个让人羡慕的人。

宽容

　　宽容，是一种品质，令人钦佩敬仰；宽容，是一种境界，让人心驰神往。在短暂的生命历程中，女人学会了宽容，就能笑对人生，宠辱不惊；就能达到精神上的制高点而"一览众山小"；就能让你的人格绽放出夺目的光彩。

　　一位哲人说过这样一番耐人寻味的话："天空收容每一片云彩，不论其美丑，故天空广阔无比；高山收容每一块岩石，不论其大小，故高山雄伟壮观；大海收容每一朵浪花，不论其清浊，故大海浩瀚无比。"

　　宽容是一种非凡的气度、宽广的胸怀，是对人对事的包

容和接纳；宽容是一种高贵的品质、崇高的境界，是精神的成熟、心灵的丰盈；宽容是一种仁爱的光芒、天赐的福分，是对别人的释怀，也是对自己的善待；宽容是一种生存的智慧、生活的艺术，是看透了社会人生以后所获得的那份从容、自信和超然。

心态宽容是让自己健康长寿的秘诀，心态宽容能去做自己应该做的事情。整日为一些闲言碎语、鸡毛蒜皮的小事郁闷、恼火、生气，总去找人诉说，与对方辩解，甚至总想变本加厉地去报复，这只会贻误自己的事业，从而失去更多美好的东西。

因此，女人要成为一个生活的强者，就应该让自己的心态宽容些，从而到达精神上的制高点而"一览众山小"，笑对人生，宠辱不惊。

1.要做到心胸开阔

要做到宽容，首先要心胸开阔。而要想心胸开阔，第一要素是"开"，即要眼观六路，耳听八方，想及万里，思接千载；进而，扩大眼界，增长见识。只有这样，才能"宽"胸怀，"阔"心境；才能像弥勒佛那样，大肚能容天下难容之事、天下难容之人；才能宰相肚里能撑船，容得下大千世界，容得下整个宇宙；也只有这样，才能万事想得开，万物看得

透；才能不为鸡毛蒜皮的小事而斤斤计较，不为蝇头小利而不顾一切；才能真正做到心静如水，心态平和。

2.不要愤世嫉俗

生活中，确实存在很多矛盾和困难：物价上涨，住房拥挤，人际关系淡薄紧张，还有这个"难"，那个"难"，真让人有点喘不过气来。抱怨、诅咒、谩骂、生闷气都无济于事，只会给已经疲惫的身心又增加几分新的负担。其实，只要冷静观察，就会发现人们的生活本来就是酸甜苦辣咸，五味俱全。在生活中，"看不惯"的事很多，理解不了的人也很多，失望的地方更多。但人的能力毕竟是有限的，愤世嫉俗不会改变事态的发展，不会使关系缓和，只会徒生烦恼罢了。所以，应该根据事件的发展，在适应中发现"破绽"，掌握改造的契机和应知应会的本领，而不是游离其外去指手画脚。这是一种宽容的表现，也是一个人成熟理智的标志。

3.包容别人的缺点

每个人都有自己的思维、工作、学习、生活习惯。在社会生活中，人们总要同各种各样的人打交道。所以，为了生存和发展，为了事业的成功，女人必须习惯于人际交往，善于同各种各样的人，特别是同能力、天赋等各方面不及自己或脾气秉

性与自己不同的人友好相处、协调共事。对于有各种各样的缺点和毛病的人，更应注意发现其所长，尊重其所长。

如果你只注意别人的缺点，就容易使自己陷入孤立无援的境地。相反，换个角度，多注意别人的好处，用理解、同情和爱心去影响别人，使对方既能认识到自己的缺点，又能心悦诚服地改正，你就会处处受到朋友和下属的信赖和爱戴，你的人际关系也会因此得到很好的发展。

4.原谅别人的错误

当看到别人犯错时，首先告诉自己要心平气和。别人的做法也许是错误的，或者，是你还没有理解别人的真实用意。每个人对别人的判断都会受到自己主观因素的影响，不一定完全公正，武断地得出结论很容易引起误会甚至冲突。所以，在做出决定前，一定要弄清楚所有事实。

之后，如果你确定对方犯了错，那就告诉自己："人难免会……"人非圣贤，孰能无过，应当设法宽恕对方的过错，这样才能将谈话或工作推进下去，也可以让你赢得更多的朋友。

如果你还是为此苦恼甚至动怒，那就问问自己，值得为了别人的过失而付出自己不快乐的代价吗？此外，还要通过培养自律、自控的能力，避免自己陷入烦恼的泥潭。

5.宽容"对手"的排挤

要做到宽容，还要宽容别人的龃龉、排挤甚至诬陷。这说明，正是你的力量让对手恐慌。石缝里长出的草最能经受风雨。风凉话，正可以给你发热的头脑"冷敷"；给你穿的小鞋，或许恰会让你在舞台上跳出曼妙的"芭蕾舞"；给你的打击，仿佛运动员手上的杠铃，只会增加你的爆发力。

反之，如果你不宽容，睚眦必报，只能说明你无法虚怀若谷；言语刻薄，是一把双刃剑，最终也割伤自己；以牙还牙，也只能使你的"牙齿"更早脱落；血脉贲张，最容易引发高血压病。

6.宽容要有原则

宽容不是无条件的，绝对要因人、因事、因时、因地而异：对于同事之间、家人之间、生意伙伴之间等鸡毛蒜皮的小事，是应该宽容的。如果动辄睚眦必报、锱铢必较，不仅会使问题进一步扩大，且最终会导致对自己不利的后果。

对挑拨是非、两面三刀、落井下石、陷人于罪、背信弃义的小人，对违法乱纪、胡作非为、兴风作浪、不知悔改的恶人，是不宜讲宽容的。否则，只会使邪恶日盛、得寸进尺，最终掳去我们的生活环境和生存权利。从这一意义上说，"大事

讲原则，小事讲风格"，乃是宽容时应采取的原则。

　　"一只脚踩扁了紫罗兰，它却把香味留在那脚跟上，这就是宽恕。"安德鲁·马修斯在《宽容之心》中说了这样一句启人心智的话。宽容别人，绝不代表软弱，绝不是面对现实的无可奈何。在短暂的生命历程中，女人学会了宽容，会使自己的心情更加快乐，会让自己的人格彰显出夺目的光彩。

自信令你美丽

　　拥有自信心的女人，不一定天姿国色，不一定闭月羞花，甚至可能相貌平平。但是，因为那份自信心，她便总能表现出一副胸有成竹的样子。她的自信可以让敌对者气馁，可以让朋友深深依赖，可以让家人感到安全和舒适，可以在职场上一往无前。

　　世界上无论何种语言，形容女人的词汇都是一样的丰富多彩：漂亮、成熟、有气质、有内涵等，形容女人的美丽没有简单的统一标准。可有一个词可以将所有美丽的形容词都囊括其中，这个词就是自信。

　　自信的女人，因为那份自信，她们瞬间便变得光彩耀人，变得淡雅高贵，因而，无论在哪个场合，她们都是最耀眼的焦点，而且永远不会因为容颜的衰老而失去自己的魅力。

　　当一个女人不再年轻时，臃肿的身材、沧桑写就的皱纹、满脸的疲惫都会让她们逐渐丧失自信心，随之而来的是莫名的失落与自卑。这些女人通常都会很委屈地说："我也曾经那么自信，可是看着年轻的女孩子皮肤紧绷，我却满脸皱纹，凭什么还拥有自信呢？"

　　其实，即使韶华不再，但内在的美丽气质可以随着岁月渐渐沉淀、丰厚、累积、升华。只是因为你太自卑，太缺乏自信，以致使你的优点、长处、潜在之美得不到挖掘和展示罢了。

　　女人可以长得不甚漂亮，女人可以地位不很高贵，女人可以生活不太富裕，女人可以学识不算渊博……但是，女人不能失去自信。因为，女人有充分的理由可以自信：我们不漂亮但我们健康；我们不高贵但我们快乐；我们不富裕但我们知足；我们的学识不渊博但我们一直没有放弃努力……

　　请从现在起，努力培养自己的自信心吧，让自信的微笑时常挂在你的嘴角，相信无论何时何地，你都能表现出一种坚定而执着的向上精神，也都能焕发出一种别样的美丽。

那么，女人要如何才能培养自信心呢？

1.认识自己的优缺点

如果你固执地认为自己在身材和容貌方面一无是处的话，你可以为自己开列一份长长的清单，将优点和缺点详列其中。然后将这张单子贴在自己的脑海中，自己有的，别人未必有。比如，你有一头飘逸柔顺的长发，那么，别人婀娜的身姿、雪白的肌肤就不会再伤你的心了。

2.不要为出身自卑

有些女人来自较贫困的家庭环境，与所接触到的人或新的环境反差较大，容易产生自卑。然而，家庭无论是富裕还是贫困你都暂时无法改变，你能够改变的只有自己，只要你看到自己闪光的一面，并加以努力做出一些成绩，自信就会在你的身上展现出来。

3.挑前面的位子坐

在各种聚会或者是会议中，后排的座位总是先被坐满。为什么呢？因为大部分人都希望自己不要太显眼，他们怕受人注目的原因就是缺乏信心。

坐在前面能建立信心。把它当作一个规则试试看，从现在开始就尽量往前坐。虽然，坐在前面会比较显眼，但要记住：只有

显眼才能脱颖而出，只有脱颖而出，才能抢先一步走向成功。

4.正视别人

一个人的眼神可以透露出许多有关他的信息。某人不正视你的时候，你会直觉地问自己："他想要隐藏什么呢？他怕什么呢？他会对我不利吗？"

不正视别人通常意味着："在你旁边我感到很自卑，我感到不如你，我怕你。"

躲避别人的眼神意味着："我有罪恶感，我做了或想到什么我不希望你知道的事，我怕一接触你的眼神，你就会看穿我。"这都是一些不好的信息。

正视别人等于告诉你："我很诚实，而且光明正大，毫不心虚，毫不怯懦！"

5.加大走路的步伐

身体的动作是心灵活动的结果。一般情况下，那些自卑的人，走路大都拖拖拉拉，完全没有自信心。而另一种人则表现出超凡的信心，走起路来比一般人快，像跑。他们的步伐告诉整个世界："我要到一个重要的地方，去做很重要的事情，更重要的是，我会在15分钟内成功。"因此，试着让自己的步伐加快一点儿，你就会感到自信心在滋长。

6.当众发言

语言能力是提高自信心的强化剂。一个女人如果能把自己的想法或愿望清晰明白地表达出来，那么她内心一定具有明确的目标和坚定的信心。同时充满信心的话语也会感染对方，吸引对方的注意力。

不过，女人大多生性羞怯、不善言辞，"在人前讲话、发言，那会使我心跳加快，脑中一片空白……"有人坦然承认自己的胆怯，而且对此颇为苦恼。

其实，说话胆怯是一种非常正常、极其普遍的情况，只是你没有注意到别人怯场的状态而已。从现在起，练习在大庭广众下自然、流畅地说话，当你怯场时，不妨把内心的变化毫不隐瞒地用言语表达出来。这样一来，不但可将内心的紧张情绪驱除殆尽，而且还能使人感动于你的真诚坦白。

7.用肯定的语气

有的女人在照镜子时，会忍不住产生某种幸福的感受。相反地，有些女人却被自卑感困扰。

虽然肤色黝黑，可自信的女人会说："我的皮肤呈小麦色，几乎可跟沙滩女郎的肤色相媲美。"可一个缺乏自信的女人会因此沮丧不已："唉，我的肤色这么黑，真讨厌。"由此

可见，不同的语气可将同一件事实形容得有天壤之别，而且也会给人以不同的心理感受。肯定的语气能让人心情愉快，而否定的语气则让人产生自卑感和沮丧感。

可以说，语气措辞是任何天才都无法比拟的魔术师。只要经常使用肯定的措辞或叙述法，就可以将同一个事实完全改变，使人驱除自卑感，相信自己不失为迷人的女人。

8.做自己能做的事

心智发育成熟的人，会把自己的精力放在自己能够做到的事情上，当事情顺利完成后，便会大大增强自己的自信心。而那些心智发育不成熟的人往往会好高骛远，从而迷失了此时此地自己应该做的事，最终一事无成，徒生挫折感和自卑感。

所以，与其好高骛远，不如找出现在可以做的事，然后加以实行，一步一步地达到目标，这样会使人产生信心，从而带给人实现最终目标的动力。总之，要试着记下马上可以做的事，然后加以实践，没有必要非是伟大的、不平凡的行动，只要是自己能力所及的事就足够了。

需说明的是，自信的女人，绝不同于自负的女人。自负的女人总是目空一切，高高凌驾于众人之上，仗着自己的优势，不肯轻易向人低头，给人一种望而生畏的感觉；而自信的女

人，因为自信而多了平和，多了宽容，多了礼貌，多了和颜悦色。因而，众人眼中的她，犹如圣母马利亚般，易于交谈、易于接近，因而更愿意亲近。

第三章

心中有爱

多一分关心，多一分爱

在人生的旅途中没有人可以陪伴你走完一生，除了你自己！因此，女人一定要学会爱自己，只有这样，生活才会多一分信心与勇气，少一分无奈与孤独。

女人的爱是无私的，无私到可以为家庭、为社会、为他人付出自己的全部：作为职业女性，她整日为工作而忙碌；作为家庭主妇，她天天为生活而操劳；作为女儿，她肩挑责任，陪伴双亲，安抚老人；作为母亲，她饱蘸心血，如痴如醉地诠释着母爱……

在这无怨无悔的付出中，岁月一天天流逝，不知道什么时

候女人的身材开始变得臃肿，容颜不再焕发，脸上有了暗斑，眼角有了皱纹，双手也开始变得粗糙，而且在言语上也开始没有了顾忌，有时候会为了孩子不听话或者鸡毛蒜皮的小事情而唠叨不已……

终于有一天，女人发现爱人注视自己的目光越来越少，而且又听到外面的风言风语，才恍然明白：在人生的旅途中没有人可以陪伴你走完一生，除了你自己！因此，女人千万不要无私地把爱全部都放在别人身上，这样看似成了好女人，但最终只会苦了自己，而应该拿出一点儿时间来爱自己，爱自己的容颜，也要爱自己的身体，唯其如此，生活才能多一分信心与勇气，少一分无奈与孤独。

女人要学会爱自己，必须要先了解自己、相信自己，而没有必要过于自谦。过于自谦，会让人不自信，会让人越来越自卑，越来越猥琐。因此，女人要勇于打破中国人自谦的习惯，不论自己活得伟大还是渺小，你都要相信，你是唯一的，你是一个有价值、值得爱的人；也不论别人怎么看你，你都要骄傲地挺胸抬头往前走，以自己特有的姿态去赢得世人注视的目光。这样你就会觉得自己是那样受到上天的恩宠，是那样幸福地生活在这个世界上。这是一种开放的心境，更是你快乐的起

点。具有这样心境的女人，对生活、环境、周围的人，就会自然流露喜悦之情，感动自己，影响他人。

女人要学会爱自己，就应该懂得欣赏自己的外表。女人常常通过文学影视作品中的人物来审视自己，通过现实周围的人士来对照自己，并且总是在望洋兴叹式的感慨之中，盲目地东施效颦，或消极地自惭形秽，而很少主动地去欣赏自己。其实，世界上没有哪个人是完美的。正因为不完美，生命才会生出许多个性、许多特点，才会如此多姿多彩。生活中我们常常能够看到，即使一个长相平凡、身材普通的女人，即便她没有令人艳羡的美貌，没有一眼看上去动人心魄的性感，她却可能会有善良的心地、温柔的性情、聪慧的心智、磁性的声音，感染你，甚至打动你。

其实，视觉上的美丽熟悉之后会变得平淡，感受上的美好却会日益长久。所以，不论自己长得美还是丑，女人都无须与别人进行比较，要看到自己的美丽，要发觉自己身上比别人美丽的地方，并大大方方地展示给别人，哪怕这个美丽只是不起眼的眉毛、耳郭、手指、头发，保养得干净细腻的皮肤，只有这样，你才有勇气与人交际，才会真心地爱自己。

女人要学会爱自己，就要从一点一滴的细微处呵护自己，

做瑜伽修身养性，做香薰SPA调理自身，做面膜保养皮肤，做头发散发自信，做指甲拈花微笑……生活中的这些细节你是不是因为忙碌而轻易忽略了？难怪你整个人都变得疲倦和憔悴起来。为了爱自己，从现在起就重新将它们捡拾回来吧，在钢筋水泥的都市森林里做一个爱自己的靓丽女人。

女人爱自己，不仅仅是爱自己的外表，还应该让自己的头脑也丰富起来：到大自然中去，让心感受年轻时的浪漫；到图书馆去，汲取丰富的知识，世界之窗不仅仅为男人开启……只有这样，你才能永远拥有爱。千万不要等到老了以后才发现，自己不知在什么时候已被丢掉；也不要在男人抛弃你的时候才发现自己真的已衰老；更不要到孩子问起他们想问的东西而妈妈什么都不知道时，才后悔自己曾经的知识都已经忘掉。

女人要学会爱自己，也要学会接纳自己、原谅自己。印度的奥修说："学习如何原谅自己。不要太无情，不要反对自己。那么你会像一朵花，在开放的过程中，将吸引别的花朵。石头吸引石头，花朵吸引花朵。如此一来，会有一种优雅的、美妙的、充满祝福的关系存在。如果你能够寻得这样的关系，那将升华为虔诚的祈祷、极致的喜乐，透过这样的爱，你将领

悟到神性。"

　　女人要学会爱自己，就千万不能放弃自己。女人在结婚以后，往往会为了爱丈夫和孩子，放弃自己的爱好，放弃自己的朋友，放弃自己的事业，放弃一次次能让自己发展的机会……于是，丈夫在进步，孩子在进步，女人则在退步，当距离拉大的时候，女人的爱、女人的家还能继续朝前走多远？当然，这并不是说女人不应该为爱付出，但女人在选择为了爱而放弃的时候，记住，千万别放弃自己，保持自己的美丽，丰富自己的知识，给自己一个发展的空间，让自己也和丈夫、和孩子一起成长，共同进步，携手创造明天，这样的爱才牢固。

　　女人要学会爱自己，就要多给自己美好的憧憬。在人生路途发生巨大转折的时候，在最痛楚最无助最孤独最无援的时候，在必须自己独走夜行路的时候，在必须独自承担压力的时候，女人应该给自己一个灿烂的笑容，给自己一个美好的憧憬，坚信在那遥远的灯火阑珊处，必然有一个"他"会向我们招手。唯有如此，我们才能走过月光如水、鸟语如歌的朝朝暮暮，寻找到属于自己的蓝天与白云。或许有人会说这是一种自我欺骗，但如果这样可以使我们的生活充满希望、溢满幸福，

自我欺骗一下又何尝不好呢？

　　女人，抽点时间出来做你喜欢做的事情，这也是爱自己的一个方式。也许在求学时代，你有一些美丽的梦想，那么现在就给自己一些空间和时间，去实现它们吧，这样你会很快乐，很幸福。比如，你喜欢忙碌，当有一天你的作品变成了铅字，大家喜欢看你的文章的时候，不管你多么老，不管你是不是还在厨房忙碌，在人们的心中你都是美丽的，在你的心中，你也会觉得自己是可爱的。即使你成不了什么大作家，一辈子也出不了名，最起码你做了一件自己喜欢做的事情，而且在做的时候，你是快乐的。

　　就像人们常说的："爱你的人如同爱你自己。假使你不爱自己，又怎么爱别人呢？"的确，女人可以无私到爱任何人，但一定要先学会真心地爱自己，因为不论你对谁付出，都有可能血本无归，把一颗心伤得七零八落。而唯有对自己，你的任何一滴汗水都不会白流，你的任何一次努力都会在你的成长史上留下痕迹，或者历练你的性情，或者增加你安身立命的砝码。

　　当然，爱自己绝非苟且放纵，孤芳自赏。看那春寒料峭中的冰凌花，它从来不被人像牡丹那样宠爱，而它仍旧义无反顾

地迎着寒风倔强地开着；看那深谷的幽兰，即便无人采摘，甚至看不见自己水中的倒影，它亦会开出最美的花，弥漫最幽雅的清香，千百年来，花开花落，悠然自得……

关爱父母

在生命的历程里，总有一份感动令人难以释怀；在岁月的长河中，总有父母的关爱长存心间。当我们由一株幼苗长成参天大树，父母已然老去，那么，回家陪陪父母吧。在除夕夜，在新年钟声敲响的那一刻，哪怕是一句简单的问候，哪怕是一个亲切的眼神，哪怕是一份小小的关怀，哪怕是帮父母捶捶肩、洗洗碗……也会让他们倍感欣慰。

当你失败而归时，是谁语重心长不厌其烦地安慰你？当天气转凉时，是谁不厌其烦地叮嘱你"多加件衣服，小心着凉"？当你面对着整桌的美味佳肴，又是谁把最好吃的东西全往你碗里夹？是我们的父母亲啊！他们扛起了所有的痛苦和不平，却用坚实的肩膀、宽厚的胸腔，为他们心中最珍贵的孩子开辟了一块充满阳光的土地。

可这些常常被我们忽略——我们会嫌父母唠叨，会认为他们一切还好，会以自己工作繁忙、劳累为借口不回去，慢慢地，我们竟然可以在这么久的时间里不去想念他们，看望他们。

殊不知，家中的父母该是怎样担心和牵挂子女的近况啊！但为了我们工作安心、顺利、家庭幸福，他们把对子女深深的思念和这小小的愿望深深埋在心底，把对子女的牵挂化成嘴边的叮咛，只在那遥远的故乡，安静的老屋里，扶着门框，默默祈盼着远方儿女的平安……却全不顾自身日复一日衰老的无助。

"树欲静而风不止，子欲养而亲不待。"让我们分一点儿爱给自己的父母吧，也许是一处豪宅，也许是一片砖瓦；也许是一件新衣，也许是一双鞋垫；也许是听他们回忆以前的事，也许是听他们的唠叨……这其实也是一种幸福，因为我们拥有父母，拥有深爱我们的父母，拥有对我们无所求的父母。千万不要等到父母不在了，我们和这世界的唯一根系被斩断了，像一只断了线的风筝，孤零零地飘在无人牵挂的天空，无法回家时，才后悔当初的所作所为。

1.节假日尽量与父母团聚

年老的父母总是希望亲人常在身边，渴望在子女的孝敬中延年益寿，安度晚年。然而，子女们总是喜欢把目光投向远方，渴望都市的繁华，渴望那里的快节奏和高质量，希望能够融入那边，并且为自己孩子的将来做好一个铺垫。

"天意怜幽草，人间重晚晴"，"每逢佳节倍思亲"。因此，子女在双休日、节假日应尽量回家与父母在一起团聚，一起说说话，陪父母走走，逛逛，转转，让父母在浓浓的亲情中安享晚年。没有时间回家，在外地时，也应打个电话对父母说声祝福，往往一个电话、一封信、一声问候就会温暖、滋润父母的心。

2.排解父母精神世界的孤独

老年人对精神的需求远远大于对物质的需求。然而，身为子女，我们把所有的时间都丢给了朋友、工作和娱乐，很少去关心自己的父母。

难道父母对我们已经不再重要了吗？难道一个人的生活中有了朋友的爱就已经足够了吗？父母老了，他们渴望子女的爱和陪伴！

所以，做子女的除了应该在物质上给父母以帮助，更应该

从精神上关心父母，比如，时常抽空陪父母谈谈心，谈谈生活和工作中所遇到的趣事，谈谈相互之间的感受和体验……使他们时时感受到来自子女的爱，这是使老年人晚年幸福的重要形式。

和父母谈心时，不要使用"懒得跟你们说清楚"的含糊表达方式，也不要用"反正你也不会答应"的直接拒绝沟通的方式，更不要用"我既然说了就算数"的强迫父母答应的方式。

此外，别把父母当局外人，应向他们介绍自己的朋友、同事。有空时，不要总是和朋友或同事到外面玩，不妨约他们到家里聊天聚会，一来能制造更多的机会与父母相互沟通，增进了解；二来也是为了有更多的时间陪伴父母，排解父母精神世界的孤独。

3.用实际行动关爱父母

爱自己的父母，要体现在言行上，要体现在日常生活的点滴中。如按时给父母寄生活费；当父母操持家务时，自己应主动参与并请父母休息一下；当父母外出时，应提醒父母不要遗忘东西或注意天气变化；当父母生病时，应主动照护，多说宽慰话等；当父母因年迈不能料理自己的时候，他们可能会大小便失禁，请不要嫌弃他们，而要怀着角色互换的心情去帮他们清理，并定期帮他们洗身体，因为纵使他们自己洗也可能洗不干净。如果确实脱不开身，一

定要请专门的保姆加以照料。

有一点需要注意的，就是爱父母的形式必须考虑父母的需要，不要用自己认为好但父母可能并不喜欢的方式爱他们。比如，有的人平时不关心父母，突然给父母送去两张出国旅游机票，以为父母一定会欣喜若狂。但大多数父母对这种事情并不感兴趣，他们宁愿儿女能经常来看看他们，或者给他们写封信、打个电话。

4.为父母献上生日的祝福

我们都把自己的生日记得很清楚，但是否把父母的生日也记得同样清楚呢？

"谁言寸草心，报得三春晖。"让我们尽自己最大的努力向平凡而伟大的父母献上自己的爱意吧，在父母生日那天，不管自己有多忙，也要记得给他们一个热情的拥抱、一张甜甜的笑脸、一句温馨的祝福、一束最美的康乃馨……虽然这些都很平常，微不足道，但对父母来说，不是一般的意义，他们觉得自己的子女长大了，懂得体贴、关心父母了。这就是他们最大的安慰。

5.对父母的爱要"藏"起一半

对父母的爱也同样需要"藏"起一半，也不要"溺爱"。

在他们还有劳动能力的时候，如果他们愿意，子女应鼓励父母继续参加力所能及的社会工作，或给他们提供一些帮助照料子女的机会，时时使他们感觉自己有用。人最怕的是感觉自己没有用。因此，让父母感觉自己有用，是爱父母的重要方式。

6.包容父母的错误

父母的爱是那样宽厚、博大，他们可以容忍子女所犯的一切错误。将心比心，如果父母错了，身为子女也不要顶撞、争辩，而是等父母的心情稍好一些时，再心平气和地做解释和说明，以减轻父母的负疚心理。

万不可以父母的过错作为把柄，时不时地揭出来，让他们难堪。要知道人老了，会慢慢与社会脱节，社会在进步，父母的思想不再进步，父母可能会做些在他看来正确，实际上已经不能适应当前社会的事情。更何况天下原本就无不是之父母。

7.善意看待父母的唠叨

如果我们留心一下周围的生活，都会听到不少人这样议论：

"我家里人真是啰里啰唆，我干了点不对的事，就唠叨个没完没了，真是烦死了。"

"我爸妈什么事都要管一管。一会儿这样，一会儿那样，连我的零花钱怎样花也要过问，真讨厌！"

爱唠叨的父母的确有。当然，大多数人都不喜欢听父母唠唠叨叨。但是，你是否认真想过，父母为什么爱唠叨呢？

在父母眼中，子女永远是孩子，是孩子父母就希望他们成龙成凤，成为十全十美的人。因此，绝大多数父母都会对子女的言行发表自己的见解，这便是子女眼中的啰唆和唠叨。再加上"树老根多，人老话多"，老人最感日月如梭，光阴似箭，因而有许多回忆和感慨需要倾诉，并且言之不尽，不厌其烦。同时，由于老人深居简出，社交能力降低，渐渐地便有寂寞之感，说话难免重复和乏味。

因此，当父母唠叨时，作为子女，不能摆出一副不耐烦的样子，更不要自顾走开不理——那其实是对父母的一种伤害，而应该耐心地听完。也许有时候他们的说教有些偏激，甚至伤了我们的自尊，但那是他们的爱；也许有时的确是他们不对，但为了面子他们会不认错，我们就体谅一下；也许有时他们真的不懂我们的心，但那不过是"代沟"，怪不得他们啊！

古语有云："不听老人言，吃亏在眼前。"父母的唠叨就像一根线，儿女就如线上的风筝。这些看似多余的唠叨，其实正是父母阅历的积淀和思想的结晶，让子女在今后的人生路上少一些风雨，少一些挫折。

勇敢追求，抓住幸福

爱情对女人来说犹如鲜花，娇艳欲滴，使你想去采撷却又不敢轻举妄动，怕玫瑰的刺划破双手，疼痛让你揪心。然而，不去采撷，怎能得到玫瑰的芬芳？不去尝试，又怎知爱情的美妙？因此，女人对爱情没有必要太过矜持，而应该主动去寻觅，勇敢去追求，才能抓住一生的幸福。

岁月如歌，斗转星移，当女人不再年轻时，眼看着周围的同学、密友、同事一个个心满意足地出嫁了，而外貌、学历、能力、素质一样也不差的你依然孑然一身，步入了"大龄单身"的行列，难免多了几分感慨、几分惆怅。尤其是晚上下班

回到家，偌大的房间空空荡荡。每当这个时候，更是好想当个可以撒娇，可以依偎在男友怀里的小女人……

歌德说："青年男子谁个不善钟情？妙龄女人谁个不善怀春？这是我们人性中的至圣至神。"渴望一份美好的爱情是所有女人的共同心愿，但爱情不会从天而降，聪明的女人绝对不会消极地等待着心上人的出现，因为她们知道，那样做的结果往往是有情人难成眷属：有擦身而过的命运捉弄，有机会光顾时的不解风情，最无奈最痛苦的莫过于两个人彼此喜欢并且苦苦等待，最后却还是离异单飞，带着满怀的不舍和永远的遗憾……

正因为此，她们会低下自己"高贵"的头，主动出击去寻觅那迟迟未来的爱情。至于最终能不能获得爱情，却并不是最重要的，至少她已经尽力了，而且享受到了在追求爱情过程中的乐趣。

1．不要太苛求

有些女人因自己容貌姣好，文化素质较高，工作能力较强，于是便过分追求完美，有一种"宁缺毋滥"的求全心理。在她们心目中，自己的白马王子，应当有高仓健的外形、琼瑶小说中男主人公的浪漫。所以，她们总在"货比三家"，用天

平称来称去，如果对方的学历、身材、相貌和经济条件等不符合自己要求的话，则坚决不嫁，以致失去了许多婚恋机会。

翻译巨匠傅雷指出："对终身伴侣的要求，正如对人生一切的要求一样不能太苛刻。"是的，现实中的完美是相对的，小说中的人物是虚构的，即使自己也不是完美无缺的。女人的外在美，就像春花一样，迟早要凋落。过了30岁的大龄女性已步入征婚的困难群体，如果在这种状态下还坚持20岁的标准，成功的可能性会大大下降。

所以，你应该试着把焦点从了解"条件"转到了解"人"上，你会发现，也许符合你机械的"条件"的人不多，但是，当你有足够的耐心去了解一个人时，适合你的人其实很多。

2.摒弃自卑心理

有些女人认为，年过30还独守闺房是件不光彩的事，于是，她们便产生一种自卑的心理，认为自己一无是处，今生今世都与爱情无缘了。但是，这种自卑心又常常被她们的自尊心掩盖，有时会故意在众人面前表现出一副对自己的婚恋无所谓的姿态，使自己变得格外清高，让相当一部分对她们感兴趣的男性望而却步。

加上朋友家人都很关心她们的婚姻大事，聚会时难免很热

心，这让她们感到尴尬，极力逃避这种场合，甚至不再愿意与同学、同事或朋友来往，将自己关在个人的小天地里，这样就大大减少了本来就不多的邂逅爱情的机会。

其实，爱情是两个人之间的双向选择，如果按兵不动，双向成了单向，岂不是一下子少了一半的机会？所以，你应该摒弃自卑心理，主动参加一些能与异性交往的社交活动，给自己创造机会。面对别人的热心介绍，应该打消顾虑，去掉包袱，自然坦率地接受。

3.敞开心扉去爱

有些单身的女人经历过爱情的失败，于是，她们便开始不再相信爱情，并开始紧闭心扉，不再轻易向异性开启。即使真情男子到来，也会"十叩九不开"。

失败是成功之母。没有经历过失败的人怎能珍惜成功？没有经历过失恋的痛苦过程怎么能珍重爱情？

因此，请记住泰戈尔的名言："相信爱情，即使它给你带来悲哀也要相信爱情。"从现在起，敞开自己的心扉去爱，同时，不妨把自己过去恋爱的失败当成财富，对照做一下反省，了解自己在恋爱方面的缺陷，然后通过学习提高自己的认识和能力，比如，提高自己对异性的了解，提高自己的交往、沟通

能力，相信你很快就可以找到本该属于自己的另一半。万不可因为一次小小的失败经历而影响自己的一生，毕竟以后的人生路还很长。

4．克服恐惧心理

一些女人耳闻目睹过父母离异、家庭暴力、朋友大吐婚姻苦水等事情，对婚姻充满恐惧。虽然很想和所爱的人白头偕老，又担心世事难料，甚至断定"婚姻是爱情的坟墓"，变得患得患失，所以一直到30多岁还未嫁。

其实，婚姻不是爱情的结束，而是新的开始，是一个用自己的智慧和修养，把对未来的设想转变为现实的过程。说到底，婚姻是一个围城，城外的人进去了，只要善于耕耘，围城内也可以变成一个让人乐不思蜀的家园。因此，只要打消顾虑，克服心理障碍，就一定能够获得真挚、稳定的爱情。

5．一定要慎重、理智

许多女人还是不相信晚婚和不婚都可以是一种成熟的选择。生理时钟的催促、社会压力、惧做高龄产妇等因素，都会让人为了打破单身状态，采取随大溜的做法，草率地找个人凑合结婚完事。最荒谬的是，甚至有人这样说："即使结婚一个星期就离婚，也非得结一次婚不可。"

真正的爱情是不会因为你的年龄来决定你的幸福的。如果因为年龄没有好好选择一位可以让你在生活、个性、心灵各方面契合的另一半，不就真正地掉落在爱情坟墓里了吗？

正如作家凯丝勒所说："当爱情叩响你心灵的大门时，你要像年长的老妈妈那样，先在屋里问一声：'谁呀？'然后再拉开一条门缝，仔细地瞧一瞧，问一问。不要一下子把门拉开，让陌生人闯进来。"

错过了年龄不可怕，可怕的是看错人和嫁错郎！因此，在此提醒广大还未婚嫁的大龄女人，终身大事一定要慎重、理智，要全面了解对方的底细和人品，选择一个真心爱你的男人，将幸福进行到底，开出幸福的花，结出幸福的果。万不可轻率地只看外表，更不可因为自己已不再年轻，便草率地将自己"推销"出去，否则你会离幸福越来越远。

6.做好人生规划

以前，在女性中有一种说法："干得好不如嫁得好。"现在，坚持这种说法的人越来越少了。现代女性希望有独立的生存能力，希望先在职场中站稳脚跟，然后再去考虑爱情和婚姻。她们的观点是：只要事业成功，还怕找不来好男人？

在人生的每一个时期，人们应该为自己设计一个主导目

标，并确立实现目标的最佳时期。一般来说，20多岁的年纪，应该用来寻找恋爱对象，确立婚姻关系。如果有人将其全部用于学习、工作，就有可能丧失这个最佳时期。30多岁便到了事业奋斗的最佳时期。这一时期，工作和事业都处于一个往前奔的状态，同时，孩子出生，因此关键是要协调好家庭和事业的关系。通过30多岁时的奋斗，一般到了40多岁，人应该在事业上开始步入成熟期。工作和事业越来越好。这一切都是环环相扣、递进的。

尽管这个社会男女是平等的，但男人总是喜欢在征服女人的过程中，或是被女人依靠的体验中，获得尊严和自信。所以，真正成功的男人，不容易接纳成功的女人。中国男人喜欢的，首先是相夫教子的女人，然后才是成功的女人。

做好人生规划，转变自己的观念，学点温柔体贴和理家能力；在时间、精力上做出投入，培养一些兴趣、爱好，让生活更丰富多彩一点，即使在其他一些方面做出"牺牲"，也是值得的。

7.不要太矜持

矜持是大多数女人的特点，即使心里很喜欢一个人，但因为害怕被拒绝，便不会主动地表白，只是把那种炽热的情感

隐藏在内心里。喜欢写日记的女人在那段日子里会向日记本倾诉，不喜欢写日记的则会向某个完全不相干的人说说自己的心事……实际上，这一切行为都是徒劳，往往还是会与那个心爱的男人擦肩而过，因为他也不敢确认你喜欢他，即使他对你也很有好感。

俗话说："女追男隔层纱，男追女隔重山。"其实，很多时候，男人对爱情的态度远远超过你的期待。因此，你大可不必觉得主动追求男人是一件丢人的事，应该低下你高贵的头，大胆地给你爱慕的人以暗示。例如，在公司的舞会里，即使他身边美女如云，你也大可直接走过去，说："你还没请我跳舞。"酒至半酣，直接看着他的眼睛，问："你有没有喜欢我呢？"如果此时他与你心意相通，那么你们就一拍即合了！即使他不愿意，也会礼貌而力求不伤你自尊心地婉拒。

总之，爱情要靠自己努力争取，不要用缘分来解释所有错过，缘分从来都把握在自己手里。给自己一点儿勇气，张开双臂热烈地拥抱爱情，就能获得一生的幸福。

关爱爱人

已为人妻的女人应该多关注自己的爱人，多给予对方爱，千万不要等到天各一方无缘相会的时候，才悔恨不已："其实，我真的很爱你……"

在生命的春天里，来自"火星"的男人和来自"金星"的女人满怀着希望和憧憬，携手登上婚姻的扁舟，一路驶过蜜月、蜜年……在那段充满了浪漫、甜蜜和激情的旅途中，夫妻二人你侬我侬，如胶似漆。

然而，"相爱容易相守难"，随着时光的流逝，爱情逐渐由浪漫的花前月下走进琐细的柴米油盐，日子蓦然间就少了

几分鲜艳的光泽。甚至连以前经常挂在嘴边的简简单单的一句"我爱你"，如今都吝啬地不肯脱口。

妻子变得唠叨，丈夫变得沉默，双方心里时不时地就会冒出这样的疑问：我的选择错了吗？生活的轨迹改变了吗？爱情，是不是正在走向穷途末路？有些人则把爱情真正推进了死亡的坟墓，见异思迁，移情别恋，直至劳燕分飞。

冰心曾说过这样一句话："爱在左，情在右，走在生命的两旁，随时撒种，随时开花，将这一径长途，点缀得花香弥漫，使穿枝拂叶的行人，踏着荆棘，不觉得痛苦，有泪可落，却不见得悲凉。"

其实，婚姻不是爱情的坟墓和枷锁，婚姻是爱情的升华，是幸福的延续。爱的最初阶段是激情与浪漫的成分居多，慢慢地那份浓艳的爱凝聚成幽雅的情，就如亲人一般亲密亲切，形成一种默契和谐的情感，仿佛鱼与水的关系，幽静淡泊，甚至忘却了感觉，但你能说鱼儿离得开水吗？

"多少人爱你青春欢畅的时辰，爱慕你的美丽，假意或真心。只有一个人还爱你虔诚的灵魂，爱你苍老了的脸上的皱纹……"

是的，在茫茫无际的人海里，在浩瀚的时空中，有这么一

个人，就在你需要爱的时候爱了你，而你也爱了他，你们成了夫妻，这是一种极难得的缘分，要好好珍惜。

所以，身在婚姻中的男男女女们，多关注你的爱人，多给予对方爱，唯有如此，才能把婚姻这叶扁舟胜利划向幸福的彼岸。

1.营造一个惬意舒适的家

作为男人，不管他的工作性质如何，也不管这项工作对他来讲有多大的诱惑力，总会给他带来某种程度上的紧张感。在他回家以后，如果有个轻松、舒适、整洁、有序的环境和愉快、安详的家庭气氛，这些紧张与疲惫就会消除，那么他的心理、身体和情感就得到平衡，就会有更加充沛的精力去迎接更加繁忙的新的一天。

家也是男人的避风港和加油站，是让他身心最为放松的地方。没有一个幸福的家庭，再有激情的男人也会被折磨得焦头烂额，再能干的男人也会感到生活无聊。因此，作为妻子的你应该精心为丈夫营造一个惬意、舒适的家庭环境，使丈夫有"回到家就好像什么都解脱"的感觉，使他感到家里是世上最舒服的地方，使他下了班就急着回家，这也是把男人的心留在家里的最好办法。

2.做好每一个爱的细节

爱最好的生长土壤正是生活中的每一个细节，所以，夫妻双方要注重爱的每一个细节，做好每一个爱的细节，让所爱的人在细节中体会你的真情，从而打造幸福的婚姻。比如，丈夫从外地出差回来，身心很疲惫，妻子就应该主动一点儿，或为他倒上一杯热茶，或打来一盆洗脸水洗却他旅途的疲劳；丈夫上下班时，妻子亲昵地给他一个拥抱，一个亲吻……这样，会给风尘仆仆的丈夫以宽慰和无比的惊喜，丈夫会觉得你非常在乎他，也因此，他会越发爱你、呵护你。

有些人不习惯接吻和拥抱，尤其是结婚时间较长的夫妻，似乎那只是年轻人的事。其实，就是那看似平常实为珍贵的一抱、一吻，把彼此的心紧紧地联系在一起，无限的温柔关爱、缱绻依恋皆在其中。

3.保持爱的距离

莎士比亚有句名言："最甜的蜜糖，可以使味觉麻木，不太热烈的爱情才能维持久远。"中国有句俗话"小别胜新婚"，夫妻在一起待的时间久了，彼此之间的新鲜感、神秘感和吸引力就渐渐消失，这时不妨保持适当的距离，比如，分床而居，既有利于休息，又可使夫妻双方保持各自的神秘和魅力，让相互的爱情在若即若离、不冷不热中得到长久的维持。

除了保持空间距离，夫妻间保持一定的心理距离也是很重要的。保持心理距离，就是让彼此保持各自个性上的闪光点，让彼此保留心中的一块自由活动的绿地，谁也不试图去改造对方，而是要设法适应对方，让对方有独立的人格、独立的个性和适度自由的生活圈。但是，"千万不要太远，当我痛苦或迷惘时，不要让我牵不到你的手"。

4.改掉猜疑的坏毛病

猜疑是爱的毒药，有猜疑，爱就不能完全、充分地发挥和表达出来；猜疑是一堵墙，只有推倒了它，才能架通爱的桥梁，创建和谐融洽的生活空间。因此，女人要想使婚姻生活永远和谐温馨，就应该做到对丈夫永不猜疑。

比如，虽然你认为自己的丈夫很有吸引力，值得追求，但这并不是说他的女秘书就会把他当成目标。当业务上发生问题，需要丈夫加班时，做妻子的要知道，丈夫和女秘书正在办公桌前绞尽脑汁，而不是跑到夜总会喝香槟去了。

5.做丈夫的好听众

一位心理学家说："一个男人的妻子所能做的一件最重要的事情，就是让她的先生把他在办公室里无法发泄的苦恼都

说给她听。"是的，当你的丈夫在外忙于工作时，如果一切特别顺利，他不能在那儿开怀高歌；如果碰到了困难，他的同事也不想听这些麻烦事。因此，当他回到家后，他会把自己的欢喜或烦恼，骄傲或失意都告诉你。这时，请你一定要做一个耐心的好听众，静静地倾听丈夫的声音，听了他的失意，你鼓励他；听了他的烦恼，你安慰他；听了他的成功，你由衷地祝贺和赞扬他。

善于倾听的女人是智慧的女人，你的倾听会让丈夫心甘情愿为你打开心灵的窗，你的倾听会让你掌握丈夫的一切喜怒哀乐。不过，你永远不可泄露秘密。有些男人从来不和他们的妻子讨论事业问题的一个原因是：这些男人无法相信他们的妻子不会把这些事情泄露给她的朋友或美发师，他们讲给自己妻子听的每一件事，都从她们的耳朵进去又从她们的嘴巴出来。

6.始终把丈夫放在第一位

想建立良好婚姻关系的女人，必须坚持一条铁的原则，就是在任何情况下，都必须在心灵深处给予丈夫一个至高无上的地位。不管是事业，还是孩子，都不能占据丈夫的首要地位。

因为事业与丈夫不是对立的，如果你的事业无人支持，无人欣赏，无人享用，那你还有这么大的干劲吗？在干事业的同时，一定不要忽略丈夫的存在。你可以减少无关紧要的应酬，或安排固定的时间，以保证有足够多的时间去关心他，照料他。更重要的是，要加强双方情感的交流。不要等到你一觉醒来，丈夫已变成了陌生人。

孩子也不能取代丈夫的首要地位，孩子有自己成长的规律，他并不需要你的全情投入。在很多家庭中，妻子把自己的心思全部投到了孩子身上，而忽略了丈夫的存在，更忽略了与丈夫之间的情感交流，从而使丈夫产生被抛弃的感受，孤独的他便很容易去寻找家庭以外的所谓幸福生活。人们曾过多地谴责那些所谓"花心"的丈夫，谴责他们到外面去寻找刺激，去采摘那路边的野花，可又有多少妻子会在自己身上寻找原因呢？

7.不要苛求表面的浪漫

结婚久了，很多妻子会抱怨丈夫对自己不够浪漫，不够体贴。以前，为了让自己买一件得体的衣服，丈夫会鞍前马后地陪伴，恨不得跑遍整座城市的服装商厦；为了向自己表达心中的爱意，情人节那天，丈夫毫不犹豫地就拿出一个月的薪水，

买上一大束玫瑰花……但现在一切都变了样。于是，妻子由此得出"丈夫不再爱我"的结论，也因此给自己平添了许多烦恼，没办法快乐起来。

在婚姻的最初阶段，无论丈夫还是妻子，都很容易延续并保持着恋爱时的浪漫情怀，你侬我侬，如胶似漆。但当婚姻进入平稳发展阶段时，作为家庭支柱的丈夫就会考虑更多的现实问题，比如，挣钱买房、养车等，夫妻之间的情感也由此从迷恋期转入依恋期。此时，浪漫的含义已经从肤浅的外表转为深邃的内涵。

所以，作为妻子，你不要总是抱怨丈夫忽略了自己的生日或是某个特殊的日子，只要丈夫对你、对家庭仍然尽职尽责，且一直心无旁骛，又何必斤斤计较表面的浪漫呢？

8.多赞美你的丈夫

一个男人不仅可以成为他理想中的人，而且也可以成为他妻子所期望的人。妻子的人生观以及她对丈夫的支持与鼓励，甚至可以决定一个男人在事业上的成败。

不幸的是，有些女人在结婚之后总爱拿自己的丈夫与同学或同事的丈夫进行比较，而比较时总看到别人丈夫的优点，视而不见自己丈夫的优点，结果就会产生巨大的失落感，甚至会当面数落丈夫没出息，从而使丈夫的自尊心受到严重伤害。

身体的伤害容易治愈，精神的伤害却难以愈合。对大多数男人来说，赞赏和鼓励比数落更能让他有奋斗的力量。因此，作为妻子，不要总拿自己的丈夫和别人做比较，更不要挑剔、数落丈夫，而应该时常温柔地鼓励他，赞赏他："你真了不起，我很以你为荣！"使丈夫重新建立起奋斗的信心和勇气。即使丈夫遇到了挫折，你也应该始终坚定不移地支持他、鼓励他。

9.主动伸出和解之手

在现实生活中，不吵架的夫妻几乎是没有的。仔细想想，那些让我们争执不休的，有多少是涉及了感情和原则问题的？不外是：你的书怎么又到处乱放？窗台上的那盆花你眼见着要干死了就不知道浇水？你进门就不能先洗个澡？看看，烟灰弄得满地都是！甚至，连洗碗怎么洗之类的琐事也可以吵上一架。

而且，夫妻在争吵过后总会在心里抱怨对方：为什么不能体谅自己，为什么不能包容自己？结果谁都不愿主动提出和解。

所以，在和丈夫吵架后，女人应该学会主动示弱，向丈夫伸出和解之手，说声："对不起，都是我不好。"如果那句

"对不起"很难说出口，那么做一桌他喜欢的好菜，然后将自己温柔地送到他的怀里也是极有情调的和解之途。这样，会让你的丈夫更受感动，夫妻之间的关系也会犹如陈年老酒，随着岁月的流逝而芳香四溢……

多关心公婆

　　"爱屋及乌"，如果你爱你的丈夫，就要试着去爱你的公婆。既然你的丈夫与他们血脉相连，不会因为婚姻就断绝了他一切的过往，那么，"家和万事兴"，做媳妇的你平时多关心公婆，让他们感觉不是少了个儿子，而是多了个女儿，一家人其乐融融，岂不更好？

　　自古以来，公婆和儿媳的关系都是中国家庭内部关系的一大难题。唐朝诗人王建有首五言诗就生动地描绘了新嫁娘初进婆家门小心翼翼的心态："三日入厨下，洗手做羹汤，未谙姑食性，先遣小姑尝。"虽说现在的女人结婚后不必再像过去的

女人那样，晨昏定省，侍候公婆，但也同样会面对如何与公婆和谐相处的问题。

如同"雾里看花，水中望月"，婆媳关系总有那么一点儿隔膜，一点儿淡漠，一点儿间隙，一点儿防备，甚或还有那么一点儿难以解释的尴尬，一点儿无法言说的微妙。比如，婆婆心里憋闷，偶尔女儿回家，就觉得格外亲切，临走，总是让女儿拿这拿那，媳妇却看在眼里恨在心上；媳妇闲着无聊，总爱回娘家看看，婆婆便有点嫉妒。

婆婆生病，媳妇衣不解带、食不甘味地终日陪伴、守候，难免有失误偏差，婆婆却特别敏感，对其多日的劳苦一脸漠然，认为媳妇的关心中掺杂了太多虚假；女儿偶尔守护床前，却事半功倍，对女儿的照料热泪涟涟。

婆婆保守，常年省吃俭用，饭菜以可口为标准，衣着崇朴素为佳品；媳妇时尚，难免有时浓妆艳抹、裘装皮裙，饭菜挑剔，花销奢侈，因而芥蒂便在不知不觉间产生了，且愈演愈烈，使丈夫陷入两难的境地……

"家和万事兴"，对媳妇而言，如果你想缔造幸福的婚姻，让婚礼上的誓言在现实生活中一一兑现的话，就不能让你爱的人为难。正是由于公婆的悉心养育，让你有了一个可以依

靠的肩膀。所以，你平时要怀着一颗感恩的心多多关爱公婆，这是对老人起码的尊重。

1.不要当着公婆的面数落或指使丈夫

由于许多孩子都是独生子，父母一把屎一把尿把儿子拉扯大，他们希望的是自己的儿子不要受到一丁点儿委屈，这是为人父母固有的心态。所以，女人一旦嫁到一个家庭，就应该全心地去呵护照顾自己的丈夫，这样可以给婆婆留下一个良好的印象。

如果夫妻间发生了不愉快，不要当着公婆的面数落或埋怨丈夫。因为做父母的总是袒护自己的孩子的，数落丈夫，其实就是对公婆"家教"的否定，这样会让老人觉得很没面子。

要注意不要当着公婆的面支使丈夫干活，因为那毕竟是他们的儿子，在他们的怀抱里几十年都不舍得让他干一点儿活儿，被媳妇支使，虽然他们嘴上不说，但是心里肯定是不乐意的。

2.发挥丈夫的"中介"作用

媳妇要让自己的丈夫做好"中介"的角色，例如，平日家中有表现孝敬公婆的机会，丈夫可以多叫妻子出面，如母亲过生日，买了东西叫妻子出面送给老人等。这些策略都有助于婆媳之间的情感交流。当媳妇与公婆间发生矛盾时，如果媳妇受

了委屈，首先应取得丈夫的理解，再通过丈夫从中周旋，消除与公婆之间的芥蒂，使双方和好如初。

3.有事和公婆协商处理

夫妻之间处理家务事，彼此之间都建立了默契，比如，双方都觉得工作很忙，被褥不叠、衣服存几天集中洗等情况很正常。但有的公婆会对小家庭处理家务的能力担忧，经常突击检查，觉得看不过眼了就亲自动手打理。

在这种情况下，媳妇往往会觉得公婆的突然"空降"不仅打破了小两口的生活习惯，还是对自己的不信任和不满意，甚至上升到"干涉"小家庭独立的高度，这些都会给婆媳关系留下阴影，公婆也会因自己的好心没得好报而倍觉委屈。

为此，婆媳之间要相互尊重，有事共同协商处理，如经济开支、如何教养第三代等，养成民主家风；而属于个人的"私事"，则应互不干涉，个人享有"自主权"。其实，公婆年岁大，管家或教养孩子的经验比较丰富，做媳妇的不妨多向公婆请示汇报，这样既显示了对公婆的孝顺，也体现了对他们的尊重。

4.对公婆慷慨些

老一辈的人，都是经过很艰难的日子过来的，他们自己一般过得很节俭，而且也希望儿子媳妇和他们一样勤俭持家，尤

其是对儿媳在这方面的要求一般都会更高些，如果你为丈夫买东西，他们可能不会说什么，但如果你是为自己买，他们就会说你乱花钱，或者说你买的东西太贵什么的。

对这样的公婆，最好的办法就是：在给自己买东西的同时为公婆买一件礼物，即使是很便宜的小物件。虽然婆婆还会在嘴上说，你不用为我们花钱，钱要省下来什么的，但心里也会很高兴的。

如果公婆家经济条件不好，比如，家在农村，一定要按时给老人寄生活费。如果公婆家条件很好，没有经济上的困难，就经常过去看看，多做家务，多买点老人喜欢吃的东西，那么，你们的关系就会变得和谐起来。

5.对公婆的唠叨不要计较

上了年纪的人，感情相对脆弱，怕孤独，爱唠叨。但有的媳妇对这种唠叨非常较真儿，会认真地同公婆进行辩解，这就有可能成为家庭战争的导火索。还有比较含蓄的媳妇虽然不至于当场发作，但也会因此产生不快，时间一长，对婆婆的不满越积越多，等到有一天忍无可忍时来个大爆发，这种爆发的杀伤力会远比当场翻脸大得多。一般发生这种情况后，婆媳关系基本没有修复的可能性了。

其实，很多上了年纪的老人都有爱唠叨的毛病，就如同你回家听自己父母唠叨时的感觉一样。作为媳妇，如能与公婆多聊家常、多聊他们儿子的一些趣事，或把自己的一些兴趣爱好讲与公婆听，会极大地安慰老人那颗孤独的心，你们之间的心理距离就会大大缩短。

6.不要苛求抱怨公婆

在生活小事上不要苛求公婆，不要抱怨公婆对自己不如对其他人好。有些媳妇抱怨不管自己对公婆有多好，他们总是向着小姑子，或者婆婆不给自己做饭、带孩子，带小叔子孩子的时间更多……

其实，媳妇并没有权利要求公婆为自己做这做那，或者要求他们将所有的爱和时间公平地分给每个小辈。公婆将儿女养到18岁，可以说已尽到了自己的义务，再后来为子女所做的一切，就是一种奉献了。公婆不是免费的保姆，他们的晚年时间是属于他们自己的，他们怎么安排谁也管不着，他们爱带谁的孩子是他们的自由！不管做媳妇的高不高兴，必须得承认这点！

7.避免和公婆争吵

公婆、媳妇来自不同的家庭，不论是生活习惯还是思想观念各方面都千差万别，在一起生活，哪能永远像一幅完美的画那般美好，双方偶尔发生一点儿不愉快的事是在所难免的。

所以，当与公婆之间出现了分歧、产生了矛盾时，作为媳妇的你一定要保持冷静的头脑，即使公婆发脾气，你也要克制自己的情绪，或者寻机走脱、回避，等事态平息后再交换意见，处理问题，而不要因一点小事就和公婆"开战"，否则，久而久之，双方的成见会越来越大。况且，在旁人看来，作为晚辈的媳妇跟公婆争吵，他们会认为这个媳妇没家教。

此外，"家丑不可外扬"，平日和公婆有了意见，切忌向邻居、同事或朋友乱讲，不然，有一天你的话被添油加醋后传到公婆耳朵里，只会加剧双方的矛盾。

即使知道公婆在外人面前说你的坏话，也不要以牙还牙，以眼还眼。聪明的媳妇会这样做：公婆在人前说我的坏，我就高调地在人前说公婆的好！这样一来，公婆面子十足，今后也会想法子弥补过失，而你在公婆及旁人眼中更是一个识大体的好媳妇。

8.不要看重公婆的财产

不要看重金钱，更不要算计公婆的财产。公婆有钱，并且愿意出于亲情帮助自己的儿子，媳妇沾丈夫的光，可以因此少

奋斗几年，你应感激公婆的情义。没有，你也别抱怨！因为钱是公婆的，他们有权利随意处置自己的财产，即使全部给了大姑子、小叔子、小姑子，你也没有必要为此耿耿于怀。再说，公婆年纪大了，手里总应该留点养老金以备后患，全给了你们，等他们病了、老了，作为媳妇的你会毫无怨言地出钱医治他们、奉养他们吗？当面对金钱与亲情的冲突时，每个人都应该义无反顾地选择亲情。

9.不要伤害公婆的自尊心

很多女人在婚前都希望找到一个比自己强的丈夫，尤其是丈夫身上体现出来的人格品质或者才干，盖过他的家庭状况，或者自身外部条件时，往往会不顾家人朋友的反对委身下嫁。

但是，请不要因此在丈夫或者婆家人面前显得高人一等，觉得你嫁给他是对他和婆家的一种恩赐，在生活习惯上对婆家人横挑鼻子竖挑眼，希望处处以自己的生活习惯为准则；或者听任自己的父母在他面前夸赞"我这个女儿有多好，以前有多少有钱人追她"之类的话；或者丈夫的一帮穷亲戚到你家时总摆出一副嫌恶的模样……这样做只会严重伤害丈夫和婆家人的自尊心，并让你所有真诚的付出付诸东流。

最博大的母爱

　　母亲呵护自己的孩子远胜过呵护自己的生命，她倾注了自己的全部，只为着孩子能够茁壮成长，成长为参天大树，万古长青。孩子是她所有希望与力量的源泉，是她永远无法达到的宏大理想和自我价值的具体实现。

　　泰戈尔在《新月集》的《开端》一诗中这样写道："婴儿问他的母亲：'我是从哪儿来的？你在哪儿把我捡来的？'母亲把婴儿紧紧抱在怀里，又是哭又是笑地答道：'我的心肝，你是我藏在我心里的心愿。'"

　　的确，孩子都是母亲的心愿。因此，母亲甘愿把自己全部

的爱默默地倾注在孩子身上。为了让孩子能幸福快乐，宁愿自己忍受各种辛酸痛苦：自己吃咸菜也要保证孩子顿顿荤菜；自己戒烟戒酒也不能少了孩子的辅导教材；自己三年不添新衣却年年给孩子添衣加被……

可以说，母爱是博大的，它的博大足以和日月齐辉；母爱又是细微的，细微得犹如慈母手中那根纤纤丝线。然而，如此博大而又细微的母爱，也会引发让人意想不到的"爱的误区"：有的母亲过度关爱孩子，带来的是孩子的无能；有的母亲过分溺爱孩子，带来的是孩子的骄横……

凡此种种，不能不引起人的反思：身为母亲，究竟应该怎样爱自己的孩子呢？

1.用爱的微笑面对孩子

微笑，是爱的语言，它像穿过乌云的太阳，能照亮所有看到它的人，带给人光明和温暖。孩子们都喜欢爱笑的人。你冲他微笑，这表达了你内心的感情："我爱你！我喜欢你！我很高兴见到你。"

一个微笑，其实并不难，但工作的辛劳，还有生活的琐碎让不少母亲僵硬了自己的表情，连对孩子的微笑也变得吝啬起来。

对孩子来说，母亲的微笑非常重要，从小在微笑中长大的孩子，容易形成乐观、积极的心态。做母亲的再忙、再累、再烦，也不要忘记把微笑送给孩子。在他们成长的心灵中，给他们一片晴朗的天空，这是你能做到的。

2.用爱的眼睛发现孩子

成长中的孩子最需要发现。发现什么？孩子的长处。

谁会以自己的短处作为生存条件呢？人应当扬长避短。如果经常展示自己的长处，别人就会认为他棒，他就会朝更棒的方向努力。父母只有用爱的眼睛去看孩子，才能发现孩子的长处。发现孩子的长处，可以从下面两个方面入手。

（1）发现不同点。正如天下没有完全相同的树叶，世上也没有一模一样的孩子。母亲的责任就是发现自己孩子的"不同"，这个不同点也许正是他最棒的地方。

爱迪生小时候，喜欢拆东西，在旁人眼中这是调皮的表现，但他的妈妈坚信这是儿子最大的优点。正是受到鼓励，爱迪生的动手能力越来越强，最终成为伟大的发明家。

那么，你的孩子有什么与众不同的地方吗？如果你还没有发现，你就有可能扼杀了一个天才。

（2）发现闪光点。孩子天天在进步。母亲要像哥伦布发现新大陆一样去发现孩子的变化，特别要善于发现后进孩子的

闪光点，让每个孩子都抬起头来走路，让蒙尘的金子闪光！

3.用爱的渴望调动孩子

今天的物质生活水平有了很大的提高，但是，溺爱孩子的母亲没有发现，过分充足的物质竟然剥夺了孩子的快乐。什么都来得轻而易举，他们感觉无所谓，不珍惜也不兴奋。孩子还不想骑童车的时候，母亲就为他买来了，他没有了学车的兴趣；他不想读的书，母亲非要买回家不可，他连看也不看，可自己借来的书，读起来如饥似渴……

欢愉产生于强烈的渴望得到满足之时。对一个渴得要命的人来说，一杯清水胜于金子。如果一个孩子总没有渴望得到某个东西的机会，该是多么不幸啊！要真正对孩子负责，就给孩子留一点"渴望"的空间吧！

4.用爱的语言鼓励孩子

爱的语言不仅能够起到鼓励孩子的作用，甚至能改变一个孩子的命运！母亲应该改变过去"一训二骂三打"的态度，用爱的语言来鼓励自己的孩子，如"这次干得不错""有进步，我很高兴""好样的，再努一把力会更好""你真行""好棒，该庆祝一下""知错就好，挺好""别泄气，失败是成功之母"……于是，奇迹也就发生了！

5.用爱的心情倾听孩子

一位著名的心理学家认为，父母让孩子通过语言把所有的感情——积极的和消极的——都表达出来，是送给孩子最好的礼物。

孩子常常希望父母能分享他的快乐、分担他的烦恼。而有些父母，往往只爱听"好消息"，不爱听"坏消息"。长此以往，孩子失望了，觉得有什么事情对父母说了也是白说，不如埋在心里。久而久之，消极情绪找不到发泄和化解的渠道，积累到一定程度就可能爆发，变成一种对抗情绪，给孩子和家庭带来伤害。

孩子的内心是纯洁的，孩子的情感是细腻的。母亲要与孩子为友，就要去倾听他们真挚的声音。

当然，倾听不单是听觉上的材料搜集，更是一门艺术。

（1）做出倾听的姿势。与孩子平视，不可居高临下。身体稍稍向前倾，这是表示有兴趣的姿势。

不要制造"壁垒"。如两手抱着胳膊或边听边翻着书，这些举动对孩子的倾诉都是一种障碍。

用眼睛"听"。睁大眼睛看着说话的孩子，很自然地用眼睛来表达你的兴趣和愉悦。

（2）表现出听的兴趣。让谈话者最扫兴的是听到对方说："我早就知道了。"有些父母，对孩子就缺少这种尊重。孩子才说两句，大人就不耐烦了："知道了！知道了！别烦我！""该干吗干吗去吧，谁有工夫听你神侃！"结果使得孩子十分扫兴。父母关心孩子，不应只是关心他的冷暖、吃住，还要关心他感兴趣的事。对孩子关心的话题产生了兴趣，你同孩子谈话的兴趣便也具备了。

（3）将你专注倾听的态度传达给孩子。送给孩子最好的赞美是让孩子知道，他所说的每一句话，你都认真听了。

用表情变化来传达。比如，保持微笑，并常常做出吃惊的样子。

用语言表达。听孩子说话时，要适时地做出回应，以表示你的兴趣，比如，"真是这样吗""你的想法太好了，请继续说"等。

不论孩子的话题多么简单，如果你想要表现出有兴趣的姿态，那么兴趣就会自然而然地产生。如果你总是沉着脸，一言不发，一副漫不经心的样子，就会令孩子十分失望。俄国伟大的作家契诃夫说过这样一句话："母亲之所以在教育子女方面不能由外人代替，就是因为她能够跟孩子同感觉、同哭、同笑……单靠理论和教训是无济于事的。"

6.用爱的管教约束孩子

爱孩子绝不是纵容孩子，放任自流。要知道，多少"小霸王"就是在纵容中学坏的！身为母亲，你必须把爱和管束紧紧地结合在一起，才能约束孩子的不正确行为，才算是真正完成了女人"相夫教子"这一义不容辞的伟大使命。

（1）培养孩子尊敬父母的意识。孩子与父母的关系是一个孩子首先面临的最重要的社会关系，这种关系是孩子与他人交往时所采取态度的基础。所以，让孩子尊敬父母，是对孩子的一生负责。

（2）不让无理取闹的孩子得到好处。如果孩子无理取闹，或者执拗不听劝告，父母千万不要心软，一心软，孩子也就"没治了"。正如一位教育学家所说："若是你不能使一个5岁的孩子把玩具从地上拾起来，你就不可能在孩子步入青春期这个一生中反抗最激烈的时期施行任何程度的有效控制。"

（3）严厉的管教之后是沟通的最佳时机。对孩子批评之后，要及时与孩子进行沟通，对孩子要求的合理部分要给予满足。这等于告诉孩子，父母是爱他的，父母否定的不是他本人，而是他的不恰当行为。这样，管教孩子就有了一个充满爱

的结局。

7.用爱的胸怀包容孩子

著名教育家苏霍姆林斯基说过："有时宽容引起的道德震动比惩罚更强烈。"作为父母，要容得下那些学习差、淘气的孩子和所谓"问题孩子"，让孩子有一个更宽松的成长空间。

8.把爱的机会还给孩子

爱是一种感受。一个人在被他人需要时，才能感受到自己的价值。一个孩子在被大人需要时，才能感受到自己幼小的生命是多么伟大。

对孩子来说，给予别人爱，别人能理解、能接受、能感悟到，比接受他人的爱更快乐！然而，我们许多的父母，把孩子爱的机会垄断了！

一个男孩正在家里写作业，母亲下班回来了。他马上沏了一杯茶，递到母亲面前："妈妈，请喝茶！"谁知，妈妈冷冰冰地说："去去去，写作业去！谁用你倒茶，多考个100分比什么都强！"孩子心中爱的火花被母亲无情地扑灭了。渐渐地，孩子明白了，母亲所要求的就是他考高分、上重点学校，别的什么都不需要。然而，这不是所有孩子都能达到的目标啊！于是，许许多多孩子变得心灰意懒，不再关心别人，也不懂得爱

别人了。

　　真正爱孩子的母亲，要在孩子面前表现得弱一点儿，给孩子一点儿爱他人的机会。别总把自己看成是高山，视孩子为小草，让孩子靠着你、仰视你、惧怕你；更不要当大伞，视孩子为小鸡，为孩子遮风挡雨，让孩子弱不禁风。换个位置，换个形象：让孩子做高山，孩子就会长成山；让孩子当大伞，孩子就能顶天立地。

第四章

老不避俏，重塑美丽

华丽蜕变

　　年轻时的你面孔如花，像盛开的火红玫瑰，有着不可抗拒的魅力。但红颜终究会老去，当岁月流逝，青春不再，曾经花一样的面孔就像一件旧衣服，再没了往昔的光彩和美丽。所幸的是，虽然你没有"画皮"的本事，没有与魔鬼缔约赎回美貌的机遇，却也可用铅华掩盖住岁月的划痕，重新复制一个十八芳龄的自己。

　　有些女人在年轻时非常注重自己的容貌和着装，每次出门总要费心思去化妆打扮一番。可一旦她们步入中年，结婚生子后，就变得不修边幅了，经常是素面朝天，蓬头散发，穿着一

身刚做完家务甚至还有汗酸味的便服就出了门，仿佛已满心生出邋里邋遢过完下半生的想法。

"老都老了，还化什么妆呀!"这是大多数不再年轻的女人放弃化妆时最充足的理由。俗话说老不避俏，这时，女人更应当巧妙地用化妆来重塑自己的美丽。恰到好处的装扮，能使自己感到越活越年轻，心理上产生一种积极、愉悦的情感，尤其是美化了自己在丈夫心目中的形象，避免让丈夫发现外遇的美丽。

1.准备工作

在化妆前，要先用洗面奶将脸上的尘垢洗净，让它清清爽爽地等待铅华的粉饰。

洗脸时，先用温水将洗面奶揉出泡沫，敷于面部，轻柔地按摩1分钟，"T"形部位着重按摩。彻底冲净泡沫，最后用冷水洗脸。冷水可以增强血液循环。采用这种温水和冷水交替洗脸的方法，既可清洁面部皮肤，也可使皮肤浅表血管扩张、收缩，有利于提高皮肤弹性。

2.擦润肤霜

化妆的第一步是擦润肤霜或润肤露。可先在额头、鼻尖、脸颊两侧、下颌处各点上少许，然后用手轻轻涂抹开!

这一步很关键，因为经过岁月的风吹日晒，女人的皮肤普遍脱脂变得干燥晦暗。润肤霜或润肤露不仅能滋润皮肤，使它变得柔嫩光滑，增强化妆品效能，使妆容持久、均匀、细柔，色泽也不易改变，而且还能防止皮肤和化妆品"亲密接触"，避免遭遇化妆品中砷、汞等有害化学物质的侵蚀。

3.涂粉底霜

为什么要涂粉底霜？因为人脸部的皮肤并不都是一个颜色，有的地方深，有的地方浅，涂了粉底霜，就可以使脸看上去是一个颜色了。尤其是年纪大的女人更要使用粉底霜，它可以让皮肤显得光滑、滋润，也可以有效地掩盖脸上的瑕疵、斑点。

粉底霜有很多种颜色，请使用与自己肤色最接近的一种，否则就不可能化出完美无瑕的妆容。有些女人偏爱浅色的粉底霜，以为"一白遮百丑"。结果，却适得其反，化妆后的粉脸像戴了一个面具，既不真实，也不自然。

此外，眼角皱纹多的女人应注意：千万不要在皱纹处施用太多的粉底霜，那样皱纹会显得更多。如需遮盖黑斑和胎记，可用手指蘸粉底霜点几下。

4.扑干粉

在涂过粉底霜的脸上，轻轻地扑上一层干粉。扑干粉的

作用是起到定妆、防止脱落的目的，所以，不可扑得过多、过厚，薄薄的一层即可，以免有"油头粉面"之虞。有人形容扑粉厚重的女人说："瞧，她'呵呵'一笑，脸上就掉粉屑。"同时，干粉的颜色应与肤色接近，以使妆容融合而均匀。

5.描眉毛

"螓首蛾眉，巧笑倩兮，美目盼兮！"眉毛在脸部起着平衡五官的作用，但随着年龄的增长，不少女人的眉毛也会日渐稀疏、色泽浅淡，而显得不够精神，因此，眉毛的修饰相当重要。

描眉时最好使用自然灰色的眉笔，不宜画得太黑，否则会显得过于严肃和刻板。在画时应强调立体感，在眉毛的中间部位（眉弓）加深颜色，眉梢和眉头部位的颜色要稍浅些，这样就会显得柔和、真实、立体感较强。

此外，要确保眉毛每一处的修饰都保持自然，眉粉比眉笔更合适。眉粉的使用方法很简单，只需用一支眉刷蘸取少量的眉粉，依照原有眉形进行描绘加深即可。

6.画眼线

在画眼线时，如果皮肤松软不易描画，只要用手轻按住眼尾并向后接住皮肤就容易画了；如果眼皮耷拉下来，那么眼线只在眼头和眼尾稍画上即可，画法是由两头向中央画，这样显得比较自然。眼线容易掉落的人，可在用眼线笔画好后，再用眼线液画一次。

7.涂眼影

在涂眼影之前一定要先擦上眼霜，或在擦乳液时重复几遍，之后再薄薄地打上一层粉底，再开始涂眼影。眼影不要涂得太厚，以免使已趋干燥的眼皮因眼影粉末的过多附着而更显干燥。

不要使用亮色眼影，否则只会更加突出皱纹，而应选用柔和中性、含有湿润剂并掺有少许珍珠粉末的眼影，这样眼部就会透出自然的光泽。

涂眼影时，靠近眼线的部分要浓些，并且要特别注意眼影与肤色的交界处，让色彩与肤色自然地融合在一起。

8.涂睫毛膏

睫毛膏能使睫毛显得浓密而富有光泽，让你的眼睛焕发青春的神采，是塑造“剪水双瞳”的秘密武器。睫毛膏强调眼睛中央的睫毛，会令人感到聪明、机灵和富有智慧；强调眼睛尾部睫毛，则可营造深邃的有质感的眼神。

显然，睫毛膏的颜色也不宜选择蓝色、绿色等一些太过时尚的色彩，而最好选择黑色和咖啡色，会使人显得稳重而不失

优雅。

9.抹胭脂

为再现青春红颜，不再年轻的女人也可以涂抹些胭脂，只是胭脂的颜色不宜太艳，否则会显得不庄重。此外，涂抹胭脂的位置也很有讲究，它可以取长补短地修饰你的脸形。一般而言，胭脂应均匀地涂抹在颧骨上，但对一些不理想的脸形，如长脸，应横向涂抹，以增加脸的视觉短度；圆脸形应纵向涂抹，以增加脸的视觉长度，从而使整个脸部显得柔美自然、浓淡和谐。

10.涂唇膏

和皮肤一样，不再年轻的嘴唇也失去了自然的润泽成分，很容易干燥，所以，千万不要选择质地干燥的亚光系列唇膏，而应该使用滋润的油质唇膏。如果能在涂抹唇膏之前，先用无色润唇膏打底就更出色了。

此外，既然我们已不再是"唇红齿白"了，就应避免选用鲜红、艳丽的唇膏，棕红色、暗玫瑰红和柔和颜色的唇膏是较为合适的选择。涂完唇膏后应稍加一点儿唇油以增添光泽，不过不要将整个唇部涂得亮光光的，那样反而俗气，只要在上、下唇的内侧强调光泽就可以了。

　　总之，化妆是女人的"第二层肌肤"的打造工程。做女人千万不要懒，即使自己不再年轻，也一定要肯花心思涂涂抹抹、揉揉搓搓、遮遮掩掩……才可以重获美丽，重获自信。

保养肌肤

肌肤是世界上最禁不住岁月考验的"外衣"：20岁光鲜，30岁黯淡，到了40岁以后就褪色了。但只要能够精心护理，即使是饱经岁月磨砺的衰老肌肤，也可以重新焕发出青春的光彩。

"肤若凝脂""冰肌雪肤"或许曾是你往日的骄傲。但随着年龄的增长，肌肤的活力也会渐渐减弱，开始变得干燥、松弛、暗淡无光……曾经光洁、柔软的肌肤就只能是"昨夜星辰昨夜风"了。

肌肤是女人最美丽的一件衣服。如果你不想过早地失去青春和美丽，那么，就要想一些办法来让肌肤恢复弹性，重现光彩。

1.让肌肤睡好觉

在空气污染、工作压力大的生活环境下，经常失眠或睡眠不足，肌肤就得不到全面的放松，细胞再生的能量受到影响，肤质也会随之变差，甚至会因为无法消除疲劳而引起食欲不佳、便秘以及焦躁不安等症状。

因此，平常不管有多忙，你也要保证充足的睡眠，这样远胜过多用几瓶护肤品，肌肤的状况也会随之改善。

2.为肌肤加餐

"嫩肤养颜，好食为之。"要想让肌肤光彩再现，就得从饮食上多下功夫。

首先，要保证水分的摄入。因为水是构成人体组织液的主要成分。当人体水分减少时，会令皮肤干燥，皮脂腺分泌减少，导致皮肤失去弹性，甚至出现皱纹。为了保证水分的摄入，每日饮水量应为1200毫升左右。

其次，要多吃富含维生素和蛋白质的食物。维生素对于防止皮肤衰老、保持皮肤细腻滋润起着重要作用。蛋白质则能使细胞变得丰满，从而使松弛的肌肤变得充盈而光滑。富含维生素的食物主要有动物内脏、新鲜蔬菜和水果等；富含蛋白质的食物主要有鸡蛋、猪蹄、猪皮和动物筋腱等。

最后，要想让皮肤白皙透亮，有些食物是绝不能吃的，包括木瓜、红萝卜、香菜和芹菜。因为红萝卜和木瓜本来就是红色的，吃多了之后，遇到阳光皮肤会被晒得偏红或是偏黄；香菜和芹菜里都含有吸光剂，吃了它们之后皮肤容易被晒黑。

3.泡美肤浴

你若能偷得浮生半日闲，泡个芳香美肤浴，不能不说是一大乐事。芳香美肤浴不只是洁净身体，也是一种有效的消除身心疲劳的方式。透过适当的水温，让体内的血管扩张，同时香气随着呼吸进入体内，达到消除疲劳、舒缓身心的目的，并因为添加了芳香剂将浴室营造成了一个小小的大自然，净化了心灵。同时，女人多洗温水澡还可刺激卵巢、使内分泌保持平衡，增加肌肤与毛发的光泽，使肌肤纹理更细腻光滑，成为名副其实的"芳香"美人。

芳香美肤浴很简单，只要把具有美肤效果的香精油滴数滴在洗澡水中即可。由于精油为油状液体，会浮在水面上，可以用手搅拌一下，使其扩散到水中。

如果皮肤缺水、起皱纹，可以选择"玫瑰＋橙花＋茉莉精油"；缺水性出油肌肤，可以试试"天竺葵＋薰衣草＋依兰精油"；肤色晦暗时可选择"玫瑰＋天竺葵精油"；长出青春

痘的皮肤可选择"天竺葵＋薄荷＋尤加利＋乳香精油"；"玫瑰＋檀香木＋洋甘菊精油"则可以缓解皮肤干燥脱皮的状况。不管选用何种精油，都应多呼吸它散发的香气，让身体直接吸收，这有助于释解压力，使肌肉的神经真正地松弛下来。

4.注意防晒

在肌肤护理中，防晒是重要的抗衰老的方法。因为阳光中的紫外线会令肌肤产生酵素，分解肌肤中的骨胶原、弹性蛋白，令肌肤出现皱纹。而阳光直射会促使黑色素活泼，导致产生黑斑、雀斑，从而令肌肤过早衰老。

所以，每天出门前应该擦上防晒霜。擦防晒霜时，不要忽略了脖子、下巴、耳际等位置，因为年龄往往最容易在这些地方展露无遗。与此同时，还应该准备防晒护唇膏、太阳眼镜、遮阳帽、遮阳伞以及长袖衣物，做到万无一失。

需要提醒的是，每天上午10点到下午2点的紫外线最强，这段时间要尽量避免被太阳晒到。此外，即使阴天或下雨天也有80%以上的紫外线，所以，这个时候更应该注意防晒。

5.去除角质

厚厚的角质堆在肌肤上，肌肤看起来当然就毫无光彩。所以，平时要经常根据自己的肌肤状况来选择合适的产品去除角质，

以清除阻塞毛孔的污垢和代谢废物，消除肌肤表面的粗糙和硬化现象，让肌肤更光滑细嫩。

如果你的角质层非常厚，毛孔也非常粗大，去角质用磨砂膏比较好。但是，若你的皮肤比较敏感又容易破皮，用磨砂式的去角质产品会适得其反，容易囤积黑色素，而最好用酵素性的面膜凝胶来敷脸，温和地去角质。对于果酸产品，除非你的角质层真的很厚才用它，否则应该谨慎使用。

此外，消除鼻翼、嘴角这些容易囤积黑色素又敏感的部位的角质，最好的方法就是敷脸。

6.脱毛运动

脸上、腿上以及腋下过长的体毛，对女人来说是"不文明"的体征，所以，如果你长有体毛，就有必要及时清除，保持皮肤的清爽和光滑，保持女人的优雅和文明。

现在，脱毛的方法通常有暂时性脱毛和永久性脱毛两大类，可根据自己的具体情况选择。

如果毛发不旺盛，只是偶尔应急处理，可选用脱毛膏或脱毛液。这种方法简便易行，效果比剃刀、脱毛刀更好。

如果经常外出旅游，用脱毛贴布或脱毛贴纸比较方便，它轻薄小巧，便于随身携带。在所需部位贴上后，揭去即可。

　　目前新型的脱毛摩丝也不错，使用更加便捷，只需轻轻一喷，就可除去不雅的体毛。这种产品含芦荟、杏仁油及维生素E等天然植物成分，用后对皮肤有滋润柔滑的作用。

　　如果体毛分布面积较大，又多是柔软细小的汗毛，可选择到美容院做专业蜜蜡脱毛。这是一种特制的专业脱毛蜜蜡，通过美容师的专业操作，可以快速、大面积地清除体毛。

　　如果体毛较旺盛，分布面积较广，又想永久性去除，那么，专业的激光或光子脱毛是比较理想的选择。

　　不论我们选择何种方法，既然肌肤的老化在所难免，那么不如干脆把这个问题抛到九霄云外，转而培养自己优雅的气质，保持愉快的心情，微笑着去面对生活。我们无法与时间较量，但是我们可以用一颗从容的心，慢慢地优雅地老去。

保养眼睛

　　眼睛是心灵的窗口，偏偏也是泄密的窗口，一不小心昨晚的熬夜、心理的疲累，甚至年龄的秘密，都被眼睛泄露。聪明如你，怎能容忍如此残酷的背叛，赶快加入这场没有硝烟的美目保卫战。不然，任何技巧都是藏不住年龄的秘密的！

　　漂亮的女人都是明眸善睐的，一双清澈如秋水般的眼睛最能打动人。眼睛可以不大，睫毛可以不长，但一定要水灵。含水的眸子脉脉且深邃地看着你，即使光对着你不说话，也能让人感受到千言万语在其中……所谓"一顾倾人城，再顾倾人国"，相信再花心的男人，一见到这种"秋水眼"也会变得专一。

然而，岁月总是先侵蚀女人的眼睛。当女人不再年轻时，不但"秋水"已不太澄清，甚至连"池畔"也"塌方"变形：眼角下垂、眼袋凹陷、鱼尾纹密生。这时，怎样做才能让"秋水"重归澄清呢？

1.抚平眼皱纹

眼睛周围的皮肤比较细薄脆弱，随着年龄的增长，或身体状况欠佳，营养护肤不利，眼睛周围就很容易长出皱纹。所幸的是，只要能够采取以下方法，便可把眼部皱纹出现的时间延迟。

（1）改正不良的行为习惯。比如，不要经常刻意眨眼；不要眯眼睛看东西，如有近视、散光应佩戴眼镜，矫正视力；化妆卸妆时不要用力拉扯眼部皮肤；在干燥环境中应及时补充水分，否则皱纹也会增多。

（2）每次在清洁肌肤后要涂上滋润眼霜。涂眼霜时切忌胡乱涂抹，正确的方法是：首先以无名指蘸上少许眼霜，然后用另一只手的无名指把眼霜匀开，轻轻地"打印"在眼皮四周，最后以打圈方式按摩五六次即可。

（3）使用以下四种方法进行按摩保健，也能推迟眼部皱纹的产生：一是用食指、中指、无名指合拢起来，从两眉间顺着眼眉向外按摩，一直按摩到额角的太阳穴，反复20次；二是

从鼻梁顺着下眼皮向外按摩到耳前，反复20次；三是从额角向下按摩，一直按摩到颧骨下，反复20次；四是闭住眼睛，在眼睛周围按摩20圈。以上4种按摩方法，可以一次进行，也可选择其中一两种轮流进行。

2.清除黑眼圈

生活中常见的黑眼圈多是由于不正常的生活习惯造成的，如经常睡眠不足、白天涂抹很重的眼影、晚上卸妆不彻底等。有鉴于此，可以从日常生活做起，逐步清除黑眼圈：

（1）保证充足的睡眠，绝不可熬夜。睡觉时仰睡而不是俯睡，并尽量使用柔软的枕头。

（2）喜欢化彩妆的人，在睡前要彻底对眼部卸妆，最好用专业眼部卸妆液卸妆。

（3）配合适当的按摩。以中指指腹与无名指指腹，轻柔地轮流拍打下眼头、下眼尾的肌肤，尤其是在黑眼圈严重处，要多重复数次。

（4）当起床后黑眼圈太过严重时，有一招急救法：用热毛巾覆盖眼睛四周，来回重复多次，再用冰茶袋敷几分钟，最后涂上眼霜即可。此外，多汁的苹果片、未长芽的土豆片和煮熟的鸡蛋都是暂时消除黑眼圈的好帮手。

3.消除眼睛浮肿

眼睛浮肿会让人显得缺乏活力。导致眼睛浮肿的原因有几种，有些人是因为遗传或是天生皮下脂肪较多，若是这样，则没有有效的办法补救，唯有忍受切肤之痛做手术。不过情况若不是太严重，还是不倡导这种方法。除此之外，也可在化妆上多下功夫，以求营造出凹凸分明的立体效果。

患上肾病也会使眼睛浮肿。但一般来说，此类人除了眼部会无故地变得浮肿外，手指、脚趾及脚踝亦会变得比正常人浮肿。这就需要到医院做彻底的检查与治疗。

食物的过敏反应、灰尘、花粉，甚至脸上其他部位的过敏性皮肤发疹等，也会破坏眼睛的结缔组织纤维，从而导致眼部浮肿。如果没有得到很好的治疗，这种暂时性的浮肿可能会变成永久性的。所以，越快采取行动控制住越好，决不可掉以轻心。

如果不是由于以上原因导致眼睛浮肿的话，便可能是由于饮食和不规则的饮水习惯造成的，这就需要按照以下的方法将其消除：

（1）多吃一些口味清淡的食物。因为食物中如含有太多的盐，会使你由于临睡前总感到口渴而饮用大量的水。当你入

睡后，过多的盐分会令身体吸取大量的水分，若未能及时将水分排出体外，它便会积存在体内，到了早上双眼便会浮肿。如果你常在经期前出现眼皮浮肿，更要减少盐分的摄取量。

（2）买一个脸部冰敷袋，放入冰箱使之冻结，然后在每天早上起床做其他事情前，先把它放在眼皮上10分钟。也可用小黄瓜片或化妆棉蘸冰牛奶敷眼消肿。

4.平复眼袋

眼袋使人显得苍老憔悴，还会随着年龄的增长愈加明显。若想平复眼袋，下面的方法颇有助益：

（1）保证充足的睡眠。临睡之前少喝水，并将枕头适当垫高，让容易堆积在眼睑部的水分通过血液循环而分散。

（2）睡前在眼下部皮肤上贴无花果或黄瓜片，同时也可把木瓜加薄荷浸在热水中制成茶，凉凉后经常涂敷在眼下皮肤上。木瓜茶不仅可缓解眼睛的疲劳，而且还有减轻眼下囊袋之功效。

（3）日常须注意膳食平衡，并适当地多吃些胶体、优质蛋白、动物肝脏及番茄、土豆之类的食物，这些食物可对眼睛四周组织细胞的新生提供必要的营养物质，对消除下眼袋大有裨益。

（4）上、下眼睑常有意识地做闭合运动，每日最好坚持做100次以上，使眼睑肌有收缩与放松的感觉，会延缓眼袋的产生。还应当避免随意地牵拉下眼睑或将其向外过度伸展。

5.预防眼病

大多数女人只注重眼睛外部的美容，但想要拥有一双会说话的眼睛，更离不开内部的护理。尤其是随着年龄的增长，人体机能开始走下坡路，眼睛也会逐渐失去聚焦能力，晶体代谢发生障碍，逐渐硬化，眼睛的调节作用相应减退，导致视力开始下降，并易干涩、流泪，阅读时间长了就会出现疲劳、酸痛、多视或眼前有黑影、眼睛昏花等多种眼病症状。如果尽早采取措施预防治疗，可以避免或延缓眼病的发生：

（1）过多紫外线照射是加重晶体老化的杀手。因此，在盛夏阳光强烈的时间段外出，一定要戴防护工具，如打遮阳伞，戴遮阳帽、遮阳镜等。

（2）随着年龄的增长，眼睛的调节功能减退，视近物时容易发生疲劳、视物模糊。所以，原有高度近视者需要重新配镜，远视的人需配戴老花镜。

（3）阅读时，使目标距离眼睛约20厘米，光线应从左侧射入，不能闪烁不定或直接照射眼睛。阅读时逐字逐句看过

去，不要扫视，切勿用斜视的目光看东西。不要在车上看书，过度疲劳时不要强行阅读。

（4）在治疗疾病时要注意药物对眼睛的损伤，如胃病腹痛时常用的阿托品、颠茄、胃舒平等解痉药，可导致瞳孔散大、眼睛视物模糊不清。原来有青光眼的患者服用这类药物时会因散大的瞳孔阻塞房角，导致青光眼的发作和加重。心脏病患者常用的扩血管药物，如硝酸甘油、异山梨酯、亚硝酸异戊酯等有时也会加重青光眼。长期大量应用类固醇激素时也会影响到眼睛健康，使人患激素性青光眼。

（5）许多中年人易患的全身性疾病往往与眼病有着密切的联系，如高血压与球结膜出血及眼底出血，脑血栓与视网膜血管栓塞，糖尿病与眼球运动障碍及白内障，肾病与视网膜渗出，血液病与结膜下出血，类风湿性关节炎与巩膜炎，强直性脊柱炎与反复发作的虹膜睫状体炎，重症肌无力与上睑下垂，甲亢与眼球突出，副鼻窦炎与视神经炎，带状疱疹与角膜炎，颅内肿瘤与视神经水肿、视神经萎缩等有关。它们常互为因果，互相影响。诊断和治疗时应齐驱并进。

去除皱纹

　　深深浅浅的皱纹，绝对是揭露女人年龄秘密并将之公告天下的"叛徒"，家庭、工作节节高升的你，怎能坐视"魔皱"的猖狂得意，赶快行动起来，全方位抹去岁月的痕迹，宛若新生的完美肌肤，就是你的！

　　皱纹是生命成长的标志，但对女人而言，不啻一种"魔皱"，因为它无时无刻不在提醒着你："唉，你老了！"

　　尤其是当看到身边那些青春女孩光洁、紧致的面容时，你更会对自己失去信心。为此，你不是长吁短叹，就是擦高级护肤品，吃美容保健产品，定期去做美容，或者干脆跑到医院拉

皮换肤。

其实，你大可不必这么消极或是大费周折，只要能够戒除不良习惯，多留心入口的食物，坚持面部按摩，就能将"魔皱"消除或至少防止、推迟它的出现。

1.戒除不良习惯

要阻击"魔皱"，最有效的方法就是戒除以下不良习惯：

（1）不要做夸张表情。皱眉、眨眼、眯眼、大笑、托面及做鬼脸等夸张的表情，会将面部肌肉刻意扭曲，弄出不必要的纹理，所以一定要戒除掉。

（2）不要用热水洗脸。热水会夺去脸上大部分的皮脂和水分，使皮肤变干燥，生出皱纹。而用冷水洗脸，有助于收紧肌肤，何乐而不为！

（3）不要在阳光下曝晒。阳光里的紫外线会使皮肤过早地衰老和干皱，有阳光的时候外出，一定要使用遮阳帽、遮阳伞，同时还要涂抹防晒霜。

（4）不要吸烟。烟草中的尼古丁等有害成分，能使皮肤角质层的水合力下降，令皮肤表面的水脂化合物含量减少，从而使皱纹丛生。

（5）不要过度减肥。体重骤然下降，皮肤没有足够时间适应体内脂肪的减少，也会造成皱纹；若减肥，则需要循序渐进。

不要浓妆过夜。化妆品留在脸上过夜，会阻塞毛孔，渗入肌肤后，则会造成皮肤损害，皱纹也会不请自来！

2.把皱纹"吃"下去

皱纹是皮肤缺乏水分、表面脂肪减少、弹性下降的结果。通过对日常饮食结构的调整，可以逐渐减少皱纹，延缓皮肤衰老。

比如，平时应多吃猪皮、猪蹄等富含胶原蛋白的食物，这些食物能使储存水功能低下的组织细胞得到改善，同时，人体可利用肉皮中的营养物质，充分合成胶原蛋白，然后通过体内与胶原蛋白结合的水，去影响特定组织的生理功能，减少皱纹，使皮肤保持光滑、白嫩。

多吃富含核酸的食物，如鱼、虾、牡蛎、动物肝脏、酵母、蘑菇、木耳、花粉、蜂蜜等。因为核酸是一种生命信息物质，能延缓衰老，又能健肤美容，被称为"葆春药物"。如果每天能服用核酸800毫克左右，多种维生素片1片，四周后脸部的大部分皱纹就会消失，粗糙皮肤变得光滑细腻，各种斑痕也会逐渐减少。

　　多吃含软骨素丰富的食物，如猪骨汤、牛骨汤、鸡皮、鸡骨汤、鲑鱼头部等。人的皮肤由表皮、真皮和皮下组织组成，影响皮肤外观的主要是真皮。真皮由富有弹性的纤维构成，而构成弹性纤维最重要的物质是软骨素硫酸。因此，只要多吃含软骨素丰富的食物，就可以延缓皮肤皱纹的产生，使皮肤保持细腻，富有弹性。

　　多喝牛奶，也能消除皱纹，美化肌肤。这是因为牛奶中的蛋白质是优质蛋白，它能使肌肤富有弹性和光泽，难以形成皱纹。另外，牛奶中的铁，可促进皮肤的新陈代谢，生成血色好的健康皮肤。至于牛奶中的钾，作用更为突出，它可使皮肤的水分保持在一定数量，使皮肤富有生气，预防皮肤干燥或生成微细的皱纹。

　　此外，茶叶是天然的健美饮料，经常饮用，有助于保持皮肤光洁白嫩，推迟面部皱纹的出现并减少皱纹。而在众多的茶中，绿茶防皱的功效最为明显，这是由于绿茶里的维生素与茶多酚的含量最高，适当摄入维生素和茶多酚是抗衰防老的最佳选择。当然，一些花茶也同样具有绿茶的这种功效，如在市面上常能买到的玫瑰花茶和杜鹃花茶。不过，在喝上述这些茶的时候，切忌过浓。

3.用按摩对抗"魔皱"

通过按摩可以增加皮肤与肌肉的弹性，改善局部的血液循环，增加皮肤光泽，使皱纹平展。

（1）按压明净额

额头是最易出现皱纹的部位。按摩时用手指按住眼眉上缘皮肤，并向上移动手指，同时有意识地不让眉毛上移，以此法使额头绷紧，5~8秒钟，然后放松，共做4次，这样可以加强额部肌肉的弹力。

（2）轻抚盈盈目

眼部是比较脆弱的部位，按摩时必须小心认真，用双手压住太阳穴，并对抗这种压力眨动双眼，然后手指缓慢向颧骨移动，同时继续眨眼，大约5秒钟，如此重复3次。

（3）逆揉鼻子

鼻子与两眼之间是最容易产生横皱纹的部位。为了伸展鼻梁，按摩时要由下往上进行，最后以手指夹住鼻子两侧，做压迫动作。同时一定要下决心改掉皱鼻子的坏习惯！

（4）圈画桃花颊

用手指以画圈的动作，由下往上按摩面颊。首先按摩下颌到耳下的部分，然后由嘴角到耳中央，接下来从鼻的周围到太阳穴，

最后再依次按摩脸颊的下方，即眼睛正下方3厘米处、鼻子两侧1厘米处及下颌部分。

（5）笑翘樱桃唇

由于经常咀嚼、说话、大笑，嘴角也是容易产生皱纹的部位，所以，必须时时注意预防嘴角下垂。按摩时做上抬嘴角的动作，以中指按压人中部位，其他手指垂下来按压嘴角两侧及下颌外侧。

当条条皱纹跃然"脸"上，青春的风采自然会弃美人而去！所以，从现在开始，加入致力于摆脱"魔皱"的行列中来吧！

颈部护理

即使再年轻的女人，如果光照顾好了面子而忽略了颈部的护理和保健，岁月的刀痕依然会毫不留情地在你身上留下印迹。如果你是个注重细节的女人，一定不要忘了关注颈部，越是细小的地方越见保养的功力。而且，匀称健美的颈部，可以给美丽大大加分，更能展现你自信优雅的仪容。

电影《画魂》里有这样一句话："十个美人九个美在脖子。"可见颈部之美对于女人的重要性。如果你细心观察，那些颈部颀长雪白的女人总能吸引更多异性的目光。而当她们穿着低领的衣服、盘起头发出现在公众场合时，无论前看后看都很标致

性感，加上她们成熟和典雅的风韵，更会令人过目不忘。

然而，生活中也有不少女人非常注重"面子"上的保养，毫不吝啬地往脸上"堆砌"各类护肤品，却对自己的颈部不闻不问。

殊不知，与面部皮肤相比，颈部皮肤更加细薄脆弱，皮脂分泌较少，保持水分的能力比脸部差很多，皮肤容易干燥老化。再加上颈部经常处于扭头、摇头等活动状态，更使颈部皮肤容易出现松弛和皱纹。如不及早保养，容易导致人未老颈先衰。就像数数年轮就能知道大树的年龄一样，看看女人颈部的颈纹也就知道了她"老化"到什么程度了。

所以，女人的颈部护养要及早开始，尤其是已过25岁的女人，在做面部护养的同时，更要有针对性地对颈部进行护养，等到颈部老化松弛、皱纹重重甚至沉积了许多脂肪之后，再护养就来不及了。颈部护养可从以下几方面入手：

1.专业护理颈部

如果你的颈部皮肤已出现松弛、缺水、轮廓感下降的情况，就有必要到专业美容院进行具有针对性的颈部护理。

现在很多美容院都开展有专业颈部护理项目，如芳香美颈护理、颈部美白护理、颈部嫩滑紧致护理等，侧重点各不相同。美容师一般会根据你的颈部状况和需求制订合适的护理方案和疗程，为你推荐美颈产品。

这种专业美颈护理一般分为清洁、按摩和敷膜三大基本步骤：（1）首先是彻底清洁，去除颈部老化脱落的角质；（2）接着进行颈部按摩，以收紧肌肤，淡化颈纹，美化颈部线条；（3）敷抹具有高度滋润和保湿作用的颈膜，为肌肤及时补充水分和营养。这种颈部专业护理一般适合每周做一次。

2.日常保养颈部

如果没有条件去专业美容院做颈部护理，可以做好居家日常保养。同时，为配合美容院护理，居家保养也是必要的，因为单靠每周一次或每月一次的专业护理效果也是有限的。

每日早晚要使用专业的护颈霜，进行简单的 5 分钟按摩，并注意防晒等，这些方法都有助于增强颈部肌肤的弹性，减少、淡化皱纹，防止皮肤松弛老化。

还可选择品质好、有美白功效的按摩膏晚上睡前自己按摩颈部，这样可淡化颈部肌肤的色素。同时，不要忘记每日坚持使用防晒霜。

3.轻柔按摩颈部

如果你的颈部已经出现了皱纹，可以为颈部做重点按摩来

缓解，以令颈部肌肤紧致，淡化或消减颈纹，并有助于舒缓颈部疲劳，对颈椎的健康也很有好处。

按摩时要使用颈霜或按摩膏，否则效果不佳。按摩步骤为：先将头部微微抬高，双手取适量颈霜或按摩膏，由下至上轻轻推开，利用手指由锁骨起往上推，左右手各做10次；然后用拇指及食指，在颈纹明显的地方向上推，切忌太用力，约做15次；最后用左右双手的食指及中指，放于腮骨下的淋巴位置，按压约1分钟，以促进淋巴循环。按摩时力度要轻柔，避免颈部皮肤受到伤害。

4.运动美化颈部

长期坚持做颈部运动，不但有助于塑造颈部曲线，也可令颈部皮肤富有弹性，从而避免因下巴皮肤松弛、脂肪沉积而形成双下巴，还可缓冲颈部肌肉与皮肤的疲劳感。维吾尔族女性的颈部线条通常比较优美颀长，这和她们从小跳舞善动脖子不无关系。

因此，如果你想美化颈部线条，就需多做颈部运动。颈部运动可以在富有节奏感的音乐声中进行。

方法为：将头交替前俯和后仰；分别向左右两侧摆动，从左至右旋转，再反方向从右至左旋转；用头部画大圈带动脖颈全方位转动等。

　　另外，还可练习瑜伽、形体芭蕾或普拉提一类的柔韧性运动，在美化塑造全身曲线的同时，颈部形态自然也得到了美化。

　　5.习惯健美颈部

　　养成良好的日常生活习惯对于颈部健美具有非常重要的意义。比如，平时需保持良好的坐、站、立姿势，尽量保持挺拔之态。

　　睡眠时，不要垫高枕头，因为高的枕头会使颈部过度弯曲，容易产生皱纹，枕头的高度在8厘米左右是最合适的。

　　气候冷而干燥时，可围上柔软的真丝巾或羊绒围巾以保暖，防止颈部皮肤干燥。

　　穿高领毛衣或硬质立领衣服时，应穿一件棉质高领上衣，以避免摩擦颈部皮肤。

　　避免将香水直接喷到颈部皮肤上，一是防止过敏，二是当香水中的酒精挥发时，颈部皮肤里的水分也被一块儿带走了，加速了颈部皮肤的干燥。

　　不要用脖子和肩夹着电话听筒煲电话粥。虽然这样双手就可以闲下来翻书、涂指甲油或做其他的事，但这种做法也容易使颈部弯曲，产生颈纹。

洗澡时水不宜太热，以免过度刺激皮肤，造成松弛。

经常用鸡骨头煲汤，其中的软骨素可以提高皮肤纤维的弹力，或用猪蹄炖黄花菜，其胶质亦能增加皮肤的弹性。这些好的习惯一旦养成，就会获得健美的颈部。

6.巧妙修饰颈部

如果颈部天生形态不美，过于细长或粗短，还可以借助衣饰进行巧妙的修饰。

颈部太过细长会影响人的整体比例，可以用一些辅助饰物引开视线的注意力。如在颈部使用围巾，提高领子的高度；佩戴引人注目的胸针等，在视觉上制造断面，使颈部显短；选择蓬松的发型，使上部产生膨胀感；还可选择颜色鲜亮的口红，使人们的视线集中在唇部。

脖子太短的人，可以选择凹领或"V"字领的服装，使颈部产生延伸感；借助稍偏长点的项链延伸人的视线；在颈部少量使用暗色调修饰阴影粉，加强立体感；把头发拢在脑后盘起来，亮出整个颈部。

运动锻炼

　　女人最大的痛苦，莫过于某一天突然发现自己不再年轻了；比这更痛苦的，是某一天突然发现自己腹部的赘肉能一把抓得住了。毕竟面容的衰老，还有脂粉可以稍加掩盖。凸出的小腹不但影响整个身体曲线的美观，还会透露年龄、营养、健康和妊娠等状况。因此，每个爱美的女人都应该拒当"小腹婆"！

　　你正对着镜子惊奇不知何时自己变成了"小腹婆"吗？你正在为自己的腹部过早变形松弛而苦恼吗？

　　天天待在办公桌旁，吃饱了就坐下，再加上年岁增长、新陈代谢减缓，不知不觉中，你会发现原来平坦、紧实的小腹，

如今却是肌肉松弛下垂、斑纹密布……毫无美感可言。

为了不当"小腹婆"，你可能会不顾一切地掩饰，衣服买得宽大些，裤腰放得松些，超短裙和紧身衫都藏到衣柜里，无论站坐，均挺胸收腹。时间长了，难免露馅，一不小心，小腹就会鼓出来，尤其夏日来临，那凸出的小腹更如同违章建筑般碍眼，惹得旁人窃窃私语，直爽点的干脆拦着你大惊小怪地嚷嚷："喂喂，最近吃了什么，咋胖了许多了！"相信此时的你一定倍感沮丧。

所谓"胖来如山倒，胖去如抽丝"，也许这才是个开始，今后的路还很漫长。如果你现在还不是"小腹婆"，那么就赶快防患于未然，将生活习惯修正吧！

如果你很不幸地已经加入了"腹婆"一族，没关系，只要采取以下几个小秘诀，同样可以放下"包腹"，"轻装"走上生活之路。

1.饮食瘦腹

日日驻守办公室，吃饱就坐，有时工作忙起来连水都来不及喝，所以好多人都有便秘难题，久而久之，"将军肚"就不知不觉跑出来啦！

有鉴于此，平时要增加乳酸菌和纤维素的摄取量，以加速

肠胃活动机能，改善便秘问题，成功赶走腹内废物；适量吃点酸奶，能激活消化酶，改善肠道微生物系统，从而控制腹部隆起；多吃富含镁与钙的食物，因为镁、钙有助对抗紧张，并对消化有益，可防止脂肪过多储存，减少腹部隆起的机会；多吃口味清淡的食物，因为摄取过量盐分会增加淀粉质的活性，促进身体吸收淀粉质，而且盐分是造成体内积水、腹部鼓胀的重要因素。

多饮水也是控制肥胖的重要手段。有许多人对此有一个错误的看法，认为多喝水会引起肥胖，会导致腹部隆起。恰恰相反，多饮水可以增强新陈代谢功能，加快毒素的排泄，是减肥的一种良策。每早起床后喝一杯温水，你会发觉便意顿生，非常利于排走体内的宿便。

还有，喜欢吃甜品，肥肉就很容易积聚在上腹部位，所以也要戒除。当然，叫一向嗜甜的你忍口戒甜，总会觉得难挨，甚至搞到情绪低落，其实开始瘦腹时可以给自己一个缓冲期，以天然糖代替精制糖，例如，用蜂蜜取代白砂糖，逐步将口味改变，达到减腹效果。

2.运动塑造腹部曲线

运动健身是保持和重塑腹部曲线的必要方式，如果你仔细观察会发现，长期从事健身或舞蹈工作的人腰腹部曲线都不错。

　　肚皮舞是一项很好的腹部锻炼运动，也是一种充满女性味道和情趣的舞蹈运动。跳舞时利用肚皮摆动臀部、腹部、胸部，加强全身舞动的强度和频度，在锻炼腹部的同时，还可增添女性的性感和妩媚。普拉提、瑜伽、舍宾、有氧健身操、健身球等运动也能较好美化腹部。不过，这类运动贵在坚持，坚持才能结实腹肌，保持平坦。

　　如果一时没有时间学习或坚持这类技巧较高的运动，一些简易的运动也有很好的效果，比如，仰卧起坐、呼吸运动。

　　呼吸运动的方法很简单：坐在椅子上，双脚平放于地面，脊柱挺直，双臂平放于桌面，收腹，吸气，腹部尽量收缩用力，坚持1分钟，然后把所有的气体呼出，反复做20次（根据自身实际情况加减运动量）。

　　做呼吸运动也许前一两天会觉得很辛苦，但日子一久，你就可以发现自己的小腹肌肉变得紧实，轻而易举地就能达到瘦腹的功效。

　　此外，你也可以采用按摩的方法瘦腹，因为按摩可以提高皮肤的温度，大量消耗能量，促进肠蠕动，减少肠道对营养的吸收，促进血液循环，让多余的水分排出体外。按摩的方法为：以肚脐为中心，在腹部打一个问号，沿问号按摩，先右

侧，后左侧，各按摩30~50下，每天按摩一次。

3.保养腹部肌肤

在注重塑造腹部曲线的同时还要注意腹部肌肤的保养。比如，在洗澡时，可使用柔软的丝瓜络或身体用浴刷，轻轻擦洗腹部，包括肚脐，配合使用身体去角质产品，每周一次为腹部去除老化角质；每次清洁后，可使用具有美白、紧实功效的按摩产品（油或膏霜类）按摩 5 ~ 10分钟，以促进产品中紧实功效成分的渗透。

外出时，特别是腹部肌肤裸露时，务必涂抹防晒产品。如果腹部有斑点和疤痕，最快速有效的方法是借助粉底修饰掩盖。实施时应选用与腹部肤色接近的粉底乳，用湿海绵蘸取薄涂，面积要大，使所有裸露在外的腹部肌肤色泽一致，最后再使用蜜粉定妆。

4.做专业腹部护理

产后女性想快速恢复腹部的平坦状态，淡化妊娠纹，可去美容院做专业腹部护理，通过美容师的按摩、指压或治疗仪等手段，配合芳香精油等相关产品，刺激腹部血液循环和新陈代谢，促进肠胃蠕动，缩短食物营养在肠道的停留时间，从而起到快速消减腹部脂肪，淡化色素和妊娠纹的效果。

　　除了专业腹部护理外，日常居家积极配合也很重要。可用具有纤体减脂效果的产品每日按摩腹部，刺激腹部脂肪细胞分解转化，减轻或预防腹部鼓凸松弛。

　　5.在视觉上改善

　　凸出的小腹，是许多女性最难瘦下去的部位，更是穿衣时的一大难点。其实，你只需花一些小心思，掌握一些穿衣的小技巧，就可以在视觉上"缩小"腹部。

　　比如，不要穿前面有圆弧形口袋的衣服，否则会造成"圆上加圆会更圆"的效果；印染图案比素色更能掩饰腹部，在腹部两旁打一点儿细褶的款式也很有帮助；还可以戴一些美丽的首饰，以达到"转移焦点"的效果。

　　要特别注意的是，把衬衫扎到裙或裤腰内和近几年流行的超短T恤、低腰裤、沙滩装等露脐装会使腹部显得更加醒目，因此，应尽量避免穿着此类款式。如果想时髦一下，不妨选有伸缩效果的面料。复古的花衬衫或T恤，配上背心或外套，也有不俗的效果。另外，"A"字形的窄裙也有很好的修饰效果。

　　虽然凸起的小腹是爱美女人的最大敌人，不过，只要能改掉坏习惯，再加上适度的运动，你就可以实现"永生拒当小腹婆"的梦想。

腰部护理

男人说，腰是女人除了臀部和胸部以外的第三维性感符号。女人说，腰是女人除了脸和脖子以外第三个泄露年龄的部位。是的，如杨柳般的细腰，集中了女人的神秘、野心、欲望和灵活，是性感之枢纽，是摇曳之灵魂。失去了细腰的衬托，即使是完美的"丰乳肥臀"，也会黯然失色，毫无美感可言。

请看《乱世佳人》里那段经典的对白：

"哦！不！奶妈，我要喘不过气来了！"

"亲爱的，你的腰需要再勒细半英寸！……"

是的，在人体美学中，各种文化对胸、臂、肩以及五官

的审美观点分歧很大，但女人的腰以细为美，是难得的一条公理。我国古代就有"楚王好细腰，宫中多饿死"之说，近代更有不少女人从小就用白绫束腰，或节食减肥，无非就是为了一副纤纤细腰。

细腰虽是所有女人的梦想，却不是人人都拥有的。尤其是随着年龄的增长，一些女人的腰身会日渐丰腴，俨然成了"水桶腰"，即使让自爱发挥到极致，还是悲哀地发现，自己像个发酵的面包，软软胖胖，毫无玲珑凹凸的美丽。

女人形体美的关键在于曲线美，而塑造玲珑曲线的关键，恰在于中间的那一段腰。所以，爱美的你从现在起就应该殚精竭虑、不计成本地与"水桶腰"抗争，才能拥有梦想中的细腰，也才能让自己的身材在细腰的衬托下更显摇曳多姿，曲线迷人。

1.不要束缚你的腰

为了追求曲线玲珑，不少女人白天屏住呼吸穿瘦腰的裙子，晚上回家还要裹上束腰减肥衣……虽然全身禁锢得连呼吸都有些困难，但是，这些在镜前顾新影而自怜的塑身"天鹅"自我安慰道："美丽付出的代价并不大。"

如此束腰的代价果真不大吗？你可知道，经常束腰、勒得过紧，其代价可能是与健康永久"道别"。因为人的呼吸，除

了肺的舒缩运动外，胸腹部的起伏起着很重要的辅助作用，两者相辅相成，才能完成正常的呼吸。如果束腰过紧，势必影响胸腹的起伏，使人呼吸不畅，同时压迫下腔静脉，使回流心脏的血量减少。

束腰过紧，也会妨碍腹腔脏器的血液循环，影响胃肠蠕动，降低消化和呼吸功能。久而久之，可能导致营养不良。同时因为肠的蠕动减慢，大便停滞的时间延长，还容易导致便秘，诱发痔疮、肛裂等疾病。

经常束腰还会影响腰、腹及骨盆腔的血液循环，容易引起骨盆腔充血，影响正常月经。所以，建议爱美的女人不要过度束腰，也不要长时间束腰。健康是"1"，而美貌、财富、权力……都不过是"0"，只有依附于健康"1"的后面，这些"0"才具有价值。

2.纤腰必做操

纤腰最实际的做法就是做腰部运动，只要动作到位，很快就能有明显效果。

（1）站立动作，脚打开与肩膀同宽，双手自然下垂。

（2）双手举高，手指轻轻交握，左脚向后呈弓箭步，右脚不动，呈交叉腿。上半身转向右侧，眼睛要看到左后脚跟。

（3）将身体转回正面，缩回左脚，恢复到原来的直立动作。

（4）双手举高，手指轻轻交握，右脚向后呈弓箭步，左脚不动，呈交叉腿。上半身转向左侧，眼睛要看到右后脚跟。

（5）将身体转回正面，缩回右脚，恢复到原来的直立动作。

以上动作可交互重复做5次。

在做时，要注意收紧腹部，才会见效。也要注意做弓箭步时，不要翘起臀部。脚要打直，重心不要因为弓箭步而移动，需要保持在原来的定点上。还要注意在转身时动作要彻底，效果才会更明显。腰要转到有种要炸了的感觉，如果转不动，可以靠眼睛帮忙，眼睛以可看到脚后跟为基准。

3.刺激你的腰

腰部是平常极难活动到的部位，容易积存脂肪。如果通过按摩合理刺激腰腹、背腰部的穴位、经络、肌肉，就可逐渐消除腰部肥胖。

（1）刺激腰背穴位。腰部穴位有：①带脉穴，位于第12肋顶端，与肚脐同高度；②腹洁穴，位于顺乳头线往下，比肚脐低3厘米处的位置。

背部穴位有：①京门穴，位于第12肋骨顶端；②志室穴，位于第二腰椎凸起向下5厘米处。

用拇指、食指，或二三指按揉、点捏、掐压这些穴位及其有关的肌肉。

（2）捏揉按摩腰部带脉。带脉位于带脉穴一带，系腰最细处。经常按摩此一经脉，减腰肥效果甚好。可从前、后两个方向，用双手两边按捏、揉点、提拿带脉。

（3）按摩刺激腹部肌肉。若以强烈的刺激，按揉腹部的腹直肌和肋腹肌肉中的腹斜肌，也能使腰部变纤细。具体手法，同按摩腰部带脉相同。

4.个人DIY

如果你没有充裕的时间做运动，又觉得按摩刺激腰部太烦琐，但又需要保持良好的腰部线条，自己动手做腰部减肥护理也是不错的选择。

（1）双手叉腰，拇指在前，其余4指在后，用力将腰部捏住，保持动作3秒钟，再松开，反复动作36次。同样，拇指在前，其余4指在后叉腰，揉两侧腰各36次，注意用力均匀。双手握拳，用拳眼击腰部36下。

（2）两手手指在紧腰后部，用力上下推摩，上至肋面，下至腰骶；再左右推摩。各做36次。

（3）双手叉腰，使腰按顺时针方向转10圈，再反向旋转

10圈，使腰部充分放松。

5.纤腰美食

要想拥有细腰，除了运动、按摩外，一定要注意采用合理的饮食方式：

（1）均衡与适量：早餐一定要吃好。而且谷类、水果、蔬菜等都要均匀地分配于三餐之中。

（2）少吃多餐：一次大量进食后，身体会分泌较多的消化酶，促使食物消化吸收，当然也就极易肥胖。反之，吃得少，餐次多，既能使血糖保持稳定，又能抑制食欲。

（3）多吃富含纤维素的食品：纤维不仅可以使人感到饱胀从而帮助减重，同时也可以防止便秘，使腹部不至显得过大。白豆、黑浆果、干杏和冬季南瓜都是高纤维的食品。

（4）细嚼慢咽：用极慢的速度吃东西，可以减少脂肪沉淀。

（5）每天至少喝8杯水，尤其是饭前一小时饮水能增加饱感，有助抑制食欲。

6.细滑美腰

"细"而不"滑"的腰肢，不能算是完美的。只有光滑紧致的腰部皮肤才能和纤纤细腰相映生辉，女人的性感和妩媚应运而生。

要让腰部皮肤光滑细致，不做好彻底的清洁和去角质工作是不行的。

（1）清洁腰部的皮肤，可以根据自身皮肤的情况来挑选产品。

（2）用粗盐对皮肤进行去角质护理。粗盐有发汗的作用，它可以排出体内的废物和多余的水分，促进皮肤的新陈代谢，还可以软化污垢、补充盐分和矿物质，使肌肤细致、紧绷。如果你的肌肤比较敏感，则可用一种比较细的"沐浴盐"。

用粗盐进行按摩护理的时候，一定要先将盐浸湿，这样才不会伤到皮肤。顺着身体的纹理按摩，手上的力度要先轻后重再轻，如果你了解腹部的穴位所在，按摩时点压穴位能起到事半功倍的效果。

（3）清洗腰部皮肤，涂上保湿或者紧肤的乳液，腰部皮肤会非常紧致、光滑。

对女性来说，腰部是最引人注目的部位。若腰部臃肿肥胖，就很难配以强调身体曲线的合体时装。不过，即使你现在已经有了一副"水桶腰"，也不必悲哀，不必自卑，只要采用以上的方法，就可以有效地消除腰部的赘肉，使腰部重新恢复动人的曲线，真正做到"纤腰一握"。

第五章

保护自己，与健康同行

远离亚健康

亚健康既是早衰的先兆，也是疾病的先导，更是21世纪威胁人类的头号杀手。所以，千万不可对其漠然视之，更不可坐以待毙，而应该主动出击，预防、消除亚健康，早日脱离"灰色状态"，成为健康人。

回忆一下你是不是经常出现这样的情况：有时心慌、气短、浑身乏力，但心电图显示正常；不时头痛、头晕，可血压和脑电图也没什么问题。如果答案是肯定的，那你很可能已经成为都市"亚健康一族"的成员了，也就是人们常说的"灰色状态"和"半健康人"。

亚健康，是指人体介于健康与疾病之间的边缘状态，又

叫慢性疲劳综合征或"第三状态"。它的典型症状轻则经常无力、浑身没劲，对周围的任何事情都提不起兴趣，重则产生厌食、头痛头晕、失眠健忘等症状。

造成亚健康的原因主要有以下四个方面。

1.疲劳过度造成的脑体力透支

现代社会竞争日趋激烈，在日常工作中，如果用心、用脑过度，五脏功能长期处于入不敷出的超负荷状态，就会出现疲劳，精力不足，注意力不集中，记忆力减退，睡眠质量差，颈、肩、腰、背酸痛等亚健康状态。

2.人体自然衰老

40岁以后人体逐渐开始走向衰老，到了一定程度，身体器官开始老化，社会适应能力逐渐下降，特别是进入更年期后，人体会出现种种不适，如烦躁、失眠、精力下降、机能减退等，虽然人体器官没有发生病变，但也非健康状态，所以这时候，人体也会处于亚健康状态。

3.疾病的前期或手术后恢复期

心脑血管疾病和肿瘤等发病前相当长一段时期没有显著器质病变，但已出现功能性障碍，如胸闷气短、头晕目眩、失眠健忘、心悸等症，各种仪器和化验往往难以发现阳性结果，这也是亚健康状态。

4.人体生物周期中的低潮期

人的体力、精力、情绪都有一定的生物节律周期，有高潮也有低潮，所以，生物周期也会对人体的脑力和体力活动产生影响。

在当今快节奏的社会里，中年人的亚健康问题最为突出，尤其是40岁以上的职场女人更是亚健康关注的重点人群。因为在单位中，她们大多是业务骨干，工作任务相当繁重；回家后还需打起精神，抚育子女，伺候老公，赡养老人，操持家务……真正是要上得厅堂，下得厨房！在家庭、事业的多重压力之下，她们极易出现疲劳、情绪不稳、记忆力减退和头晕、腰腿疼等症状。

"亚健康"虽然暂时不会危及人的生命，但如果不及时治疗保养，最终将使人完全丧失健康，走向死亡。所以，绝不能对其掉以轻心，而应该努力预防、消除亚健康，重新回归健康生活。

1.均衡营养，合理膳食

都市女性中有两种不良营养倾向：一是营养和热量过剩；二是为了节食导致某些营养素和热量摄取不足。这两种倾向都足以引起"灰色状态"。走出亚健康的主要措施便是科学地安排膳食，做到营养均衡。

（1）主副平衡：随着人们生活水平的提高，餐桌上副食的比例大大增加，而谷物类主食的比例越来越少。主副食不平衡，就会引起能量代谢失衡。成年人每天至少应食300克谷物，才能维持肌体正常的体力活动和脑力活动，健康才能有保证。

（2）荤素平衡：合理的膳食结构应该是以素食为主的混合组合，纯素食当然很难满足人体对营养的全面需要，但过多食用动物性食物则是引发"文明病"的主要原因之一。一天的混合膳食中，荤素搭配应有一定的比例，如禽、蛋、鱼、肉约有300克就够了，蔬菜最好要有500克，其中至少有三分之一为绿色叶菜，外加一份水果。

（3）三餐平衡：一日三餐的营养要均衡、要适量。既不偏食，也不要吃得太饱，只有这样才能满足人体对营养素的需求，疾病才不易侵入。同时，要坚持每天吃早餐，早餐要支撑一上午的工作和学习，马虎不得，应该和中、晚餐同样重视。什么是符合营养要求的早餐呢？通常认为含有以下四五种食物的为健康早餐，即粮食100克（最好是杂粮、粗粮），牛奶一瓶，蛋一个（忌食油煎荷包蛋、炒蛋），菜适量，水果适量。

（4）口味平衡：一般人习惯以盐来调味，人均每天摄入食盐6克即可，过多摄入盐对健康极为不利。所以，日常饮食一定要清淡些，并力求做到"五味调和"。

（5）干湿平衡："干"指固体食物，"湿"是水分的补充，水分是人体代谢量最大的营养素，一定要及时补充。除了养成早起喝杯淡盐水，以及每天上午、下午定时饮水的生活习惯，餐桌上还应常备汤，汤对进食、消化、吸收都有利。

2.健身怡神，张弛有度

持续、高强度、快节奏的生活难免令人难以承受，疲劳、头痛、失眠等不适接踵而至。这些信号提醒你机体已经超负荷运转，处于"亚健康"状态，该进行调整与休息了。

（1）认识自己的生理周期。每个人的心理状态和精力充沛程度在一天中是不断变化的，有高有低。大多数人一般在午后达到精力的高峰，但也有个人差异。不妨测定（连续记录）自己一天的心理状态、清醒程度和对事物反应的敏捷度，找出自己的精力变化曲线，然后合理安排每日的活动。

（2）静坐放松。每天抽出一段时间静坐，完全放松全身的肌肉，去掉脑中的一切杂念，将意念集中于丹田穴，可以调整全身的脏器活动。

（3）让大自然帮助你。节假日应远离喧嚣的都市，到大自然中呼吸新鲜空气，新鲜空气中的负离子浓度较高，不仅能

调节神经系统，还可以促进胃肠消化，加深肺部的呼吸，对体力、脑力、心理等各方面起到良好的调节作用。

（4）晒太阳提神。日光照射可以改变大脑中某些信号物质的含量，使人情绪高涨，愿意从事富有挑战性的活动。在上午晒半小时太阳对经常萎靡、有抑郁倾向的患者效果尤为明显。

（5）办公室内勤活动。久坐办公室的人应该每隔一小时活动一下。可以做简单的保健操，也可以随便活动活动筋骨。虽然用时不多，却可有效防止由"静坐"生活方式导致的慢性疾病。

（6）培养兴趣爱好。广泛的兴趣爱好，不仅可以修身养性，陶冶情操，而且能够辅助治疗一些心理疾病。

（7）求助心理医生。由心理医生进行正规的心理学治疗，不仅是一种直接的治疗，而且能增强心理承受能力和心理调节能力，尽快恢复心理平衡和心理健康。

总之，亚健康是介于健康和疾病之间的一种中间状态，它永远不会停留在固定的状态中，或者向疾病状态转化，或者向健康状态转化。因此，当你出现情绪低迷、精神不济、不愿运动、注意力不集中等亚健康的状态时，万不可漠然视之，更不可坐以待毙，而应该主动采取措施，使亚健康向健康状态转化，早日脱离"灰色状态"，成为健康人。

好睡眠，更健康

睡眠是"受伤的心灵的药膏，大自然最丰盛的菜肴，生命盛筵上的重要营养"，睡眠对健康来说就像空气、阳光和水一样重要。女人一定要使自己尽快摆脱失眠的困扰，睡好充足的"美人觉"，只有如此，才能拥有美丽的容颜，才能拥有健康的身体。

西方有这样一个传说，美丽是上帝送给女人的第一件礼物，也是第一件被收回的东西；但看见女人失去美丽后那痛苦悲凉的表情，上帝心软了，又给了她们另一件法宝，那就是睡眠——让女人们通过睡眠来找回失去的美丽容颜。

法国人引以为傲的影坛常青藤凯瑟琳·德纳芙，其美貌多

年不衰，令人倾倒。她有何养颜秘诀？"睡眠是无可争议的美容疗法，我总是尽力满足我的基本需要。"

享誉全球的影星巩俐的美貌给人的印象就是健康、自然，特别是她那双澄明清澈的眼睛。她自己介绍美颜的体会是：保证充足的睡眠。

可见，睡眠对美容具有神奇的功效！

然而，拥有充足的睡眠并非易事。现代社会快节奏的工作和生活压力，以及夜生活、饮酒等不良生活习惯，让许多人饱尝失眠、多梦、早醒等带来的苦恼，尤其是中年女人的失眠更是成为一种城市流行病。

除了孩童时期以外，在其他年龄段里女人比男人更容易失眠和患上睡眠疾病。因为女人身兼多种角色，既要工作，又要尽妻子和母亲的职责，还要照护她们年老的父母，这样不停地转换角色，使她们每天承受着不断增加的压力和焦虑，直到晚上熄了灯也不能安睡。

长期失眠对女人的健康影响极大：不仅会使人感到无精打采、头昏脑涨，工作效率极为低下；而且会使皮下细胞迅速衰老，皮肤变得粗糙、晦暗或显得苍白缺乏营养，甚至出现皱纹；还会造成周围皮肤色素的异变，出现黑眼圈，或使眼白混浊不清，给人一种暮气沉沉的感觉。此外，长期失眠的女人还会把自己置于罹患多种疾病的险境中，如抑郁症、心脏病、肥胖症等。

"能眠者，能食，能长生""安寝乃人生最乐"。的确，人生三分之一的时间是在睡眠中度过的，睡眠是美丽的源泉，也是健康的"终身伴侣"。为了睡好"美人觉"，以确保美丽和健康，女人一定要使自己尽快摆脱失眠的困扰。

1.保证富足的睡眠

酣睡一宵值千金，健康法则要求富足的睡眠。而睡眠的富足，则取决于包括年龄在内的许多因素。一般来说，婴儿每天需要睡16小时左右；十几岁的青少年每天需要睡9小时左右。对成年人来讲，每天睡7～8小时最为理想。如果夜间睡眠时间不足，午睡就显得十分重要了，这对上班族来说尤其是一种有效的"健康充电法"。

不过，这也存在个体差异，有些人每天睡5～6小时，并没有感觉到不适，而且精力充沛，就不能说他失眠；而有些人平日睡9～10小时，一段时间内每天只能睡8小时，而且多梦，醒后感觉总也不清醒，那他就该找找失眠的原因，对症下药了。

2.环境应幽静舒适

要想酣睡一夜到天明，睡眠环境一定要幽静、舒适。卧

室内的温度太高或太低都会影响睡眠，最为理想的睡眠室温是18℃~20℃。睡前要"闭门推出窗前月"，免得窗外月色撩人。同时也要"两耳不闻窗外事"，杜绝外界声音扰人清梦。

此外，要想有个好睡眠，卧具要科学选择。首先，褥子不要太柔软。一般来说，人在一个晚上要翻身20~30次，褥子太软了，难以自由翻身，会搅扰舒适睡眠。其次，被子要软、轻。厚被子会妨碍出汗，会压迫心脏，会使人做噩梦。

3.选对睡姿好入眠

对一个健康人来说，不必过分计较自己的睡眠姿势。因为在一夜的睡眠过程中，人是不可能保持一个睡姿的，总要变换不同的姿势，这样更有利于解乏和恢复体力。但对患有疾病的人而言，讲究一下睡眠姿势就很有必要。否则，不但会影响睡眠质量，还会加重疾病。

（1）仰卧：不会压迫身体脏腑器官，但容易导致舌根下坠，阻塞呼吸，而且人在睡熟之后手会不自觉地搭压在胸上，引起噩梦。打鼾和有呼吸道疾病的人不宜采用此睡姿。

（2）俯卧：有助于口腔异物的排出，同时对腰椎有毛病的人有好处，但会压迫心脏和肺部，口鼻易被枕头捂住，影响呼吸。患有心脏病、高血压、脑血栓的人不宜选择俯卧。

（3）左侧卧：有利于身体放松，有助于消除疲劳，但由于人体心脏位于身体左侧，胃通向十二指肠以及小肠通向大肠的出口都在左侧，所以，左侧卧会压迫心脏，而且胃肠会受到压迫，使胃排空减慢。

（4）右侧卧：全身处于放松状态，呼吸匀和，大脑、心、肺、胃肠、肌肉、骨骼得到充分的休息和氧气供给。但右侧卧会影响右侧肺部运动，不适合肺气肿的患者。

4.先睡心，后睡眼

自古以来，人们就很重视睡眠养生法，提倡"先睡心，后睡眼"，即睡前一定要"心有着落，事不纷驰"，促进自己的大脑皮层由兴奋状态转向抑制状态，从而做到劳逸结合、动静平衡。

现代人会遭遇种种工作压力和人生烦恼，但只要能注意精神内守，避免多思、多虑，尤其是每天晚上应该怀着淡泊宁静的心境上床，不能把烦心事带进被窝，就可以睡得安稳香甜。否则，只能被那些恨事、悔事、烦心事搅得彻夜不眠。

5.适量运动促睡眠

有些女性认为，晚上一有运动，睡觉时就会兴奋得睡不着。所以，她们在吃完晚饭后会保持安静，很少运动，坐到睡觉前，结果反而睡不着了。

确实，临睡前的过量运动，会令大脑兴奋，不利于提高睡眠质量。但适量的运动，能促进人的大脑分泌出抑制兴奋的物质，使人进入深度睡眠。特别是脑力工作者，一天下来可能都没什么活动，而晚饭后的轻微活动反而可以很快诱导自己入眠。因此，建议你在临睡前做一些轻松的运动，如散步、慢跑、打打太极拳等，这些活动都将有助于睡眠。

6.睡意不至离床去

如果夜深人静仍毫无睡意，不要躺在床上闷闷不乐、怨天尤人，也不要翻来覆去地数绵羊，强迫自己入睡，而不妨下床，阅读言情小说，看看轻松的电视节目，做些简单的家务劳动，或把脑子里停不下来的思维写下来，使自己的精神放松，直至睡意袭来，方可上床睡觉。如果再次上床仍无法入睡，那么再下床，专心地重复去做刚才的事情。

睡眠只是人体休息的一种方式，是人身体的自然反应，如果越睡不着越强迫自己睡，久而久之，形成条件反射，以后一进卧室就恐惧，一见睡床就害怕，就会陷入恶性循环的怪圈，失眠症状也会愈演愈烈。

7.饮食调节助睡眠

如果难以入眠是饥饿所致，不妨在上床前吃片全麦面包或

几块饼干充饥。

如果是因心绪不宁而失眠，可能是由于大脑血清素不足而引起的，这时可以喝一杯热糖水。糖水可以产生大量的血清素，抑制大脑上皮层的兴奋，帮助睡眠。

如果失眠多梦，应该多吃一些具有安神作用的食物，如龙眼、枸杞、莲心等。

还需注意：睡前不要食兴奋性食物，如酒、巧克力、咖啡、浓茶以及辛辣煎炸食物等，这些食物会削弱入睡的念头，让人越发精神。

8.合理使用药物

严重失眠患者，可考虑短期服用安眠药，但不能长时间服用，以免产生药物依赖性。

慢性失眠患者尽量不要服用安眠药，宜采用心理治疗为主的综合疗法，以消除失眠之苦。

患有心脑血管病、糖尿病、肝肾疾病、呼吸系统疾病或癌症等病的中老年人，不要随意用安眠药，应积极治本，除去病根，失眠就会不治而愈。

抑郁症患者在进行心理治疗的同时，应服用抗抑郁药物，方能消除失眠困扰。

夫妻生活和谐

　　健康、和谐的性爱是如此美好自然，它能使生命像花朵一样芬芳怒放。而失去了性健康的生命比你想象的更为脆弱和乏味。所以，当女人不再年轻时，要千方百计清除性障碍，保持性健康，让生命之花在人生的第二春里尽情绽放。

　　当青春不再时，为什么有的女人依然那么美丽动人，浑身散发出健康的气息？天生丽质者毕竟是少数，后天的调养也会让你与她们一样光彩照人。秘密在于拥有健康、和谐的性爱！

　　对女人来说，健康、和谐的性爱不仅可以提高雌激素水平，从而有助于维护阴道组织，减轻或消除痛经、月经不调、经前紧张综合征和预防乳房疾病等；还能使女人获得性满足感，有利于解除心理压力，达到防止早衰的目的。不仅如此，它还能使女人感觉到青春常在的美好，从而保持年轻的心态。

正因如此，那些性爱健康、和谐的女人，皮肤会更加白皙细腻，头发会更加乌黑发亮，面容会更加俏丽，乳房会越发饱满而富有弹性，身体也因此更加富有迷人的风姿和魅力。

然而，有些女人因从小受家庭、宗教和封建思想的影响，认为人老了就不再需要性爱，不应该对性再感兴趣，否则，便是不正常、不道德，甚至是淫荡的表现。所以，在生活中对性激不起热情，性生活也不主动，更不会大胆地暴露对性的本能欲求，性欲受到强烈抑制。久而久之，必然会抑制正常的性能力，导致性功能出现障碍，并进而使原本亲密的夫妻关系变得淡漠起来。

其实，健康的性爱是生活质量的重要指标，它不是年轻女人的专利，而是每个正常女人应享有的权利。因此，你应该改变旧有观念，学会享受性爱！一旦出现性障碍问题，要积极采取措施加以克服，必要时应主动寻求医生指导，接受治疗，以便早日走出身心困境，迎接生命的第二个春天。

1.远离"扫性"药物

许多女性出现性功能障碍，往往归因于自己没兴趣或丈夫不配合，并没有想到一些常吃的药物也会是"扫性"的原因之一。那么，有哪些药物会对女性性功能产生抑制作用呢？

（1）口服避孕药：作为一种性激素类药物，口服避孕药打破了人体正常激素的平衡，影响了雄性和雌性激素的分泌，会引起性欲低下、性唤起困难或性高潮抑制。

（2）抗生素：若干抗生素（氨苄西林、利福平、灰黄霉素）、抗癫痫药（苯巴比妥、苯妥英钠）及抗凝血药（华法林）等，均可导致性欲低下。

（3）某些降压药：如哌唑嗪可通过扩张外周血管而降低血压，使一些女性发生性欲抑制。停药后性功能可恢复正常，若服药期间因性问题产生焦虑过度的精神障碍，停药后性问题没有马上消失，这时则需进行心理治疗。

（4）食欲抑制剂：能使泌乳素水平增高，从而抑制女性性功能。服用某些减肥药的女性中有85%的人会性欲下降。

（5）中药制剂：长期服用一些中药也会对性功能造成影响，如雷公藤、乌梅等。另外，能泄"肾火"的药亦可能使女人"扫性"。

2.学习性知识

人到了中年，男女双方的身体、生活方式和性反应都会发生变化。对女性而言，一部分变化是由停经引起的。女性停经的平均年龄为50~54岁，但这个过程从45岁左右就已经开始并将持续4~5年。在这段"准停经期"，女性的阴道组织变得较薄、较干，不如原来润滑，致使原来充满快感的性交变得不舒服甚至疼痛。不了解这些生理上的自然变化，女性就可能对性生活产生紧张、惧怕的心理，进而发展到反感和厌恶。丈夫则错误地认为妻子不再爱自己。不和谐甚至痛苦的性生活，最终导致夫妻感情失和。

因此，夫妻双方应共同学习有关性生活的知识，互相体谅关心。如果确因阴道干燥，感到干涩疼痛产生性厌恶，不妨采用涂抹蜂蜜、甘油、凡士林等方法，以增加阴道润滑度。

3.多做运动

多做运动，既能提高肌体的活力和对异性的吸引力，又有助于提高性功能，延缓性衰老。以下几种运动会对你有所助益。

（1）游泳：蛙式及蝶式游泳必须运用到大腿及骨盆腔的肌肉，经常采用这两种姿势，长期锻炼，可以提升女人的性功能。

（2）骑自行车：这是一项最易于坚持的运动方式，它可以锻炼你的腿部关节和大腿肌肉，并且对脚关节和踝关节的锻炼也很有效果。同时，它还有助于强化血液循环系统。

（3）散步/慢跑：这类运动对心脏和血液循环系统都有很大的好处，每天坚持锻炼30分钟以上，有利于减肥，而这能提升女人的性欲望。

（4）排球：对臂部肌肉和腹部肌肉的锻炼效果尤为明显，同时，还可提高身体的灵敏性和协调能力，享受更多床笫间变化的乐趣。

4.补充营养素

随着年龄的增长，步入中年以后，无论男女，性功能都会逐渐出现某些生理上的减退现象，实践证明，及早采取一些抗衰老的保健措施，对推迟人体衰老包括性衰老，具有十分重要的作用。

步入中年以后，女人应当多吃一些有助于延缓衰老和提高性功能的食物，如鱼类、蛋类、羊肉、兔肉、肉皮、芝麻、蜂蜜、核桃等富含蛋白质、微量元素、维生素的食物，从而达到美颜和"助性"的双重作用。此外，豆制品、新鲜蔬菜、水果等更是维护身体健康、延缓衰老不可缺少的食品。

5.轻松排压力

中年人在生活中面对的最大问题是担子重，压力大。无论在工作还是生活上，中年人都是压力最大的群体，而精神压力不仅会导致机体过早衰老，还会导致性欲下降。

"笑一笑，十年少。"生活中，女人要学会不断为自己排解精神压力，让自己轻松愉快起来，这样对推迟人体衰老包括性衰老，都具有十分重要的作用。

6.按摩排除性障碍

以下的按摩方法对解除女性性障碍的痛苦有很好的效果。

性敏感部位按摩：性敏感部位包括性敏感带和敏感点。耳朵、颈部、大腿内侧、腋下、乳房、乳头等部位属性敏感带，敏感点则有"会阴""会阳""京门"等穴。按摩性敏感带时，宜缓慢轻柔；按摩敏感点时，可用指头掌面按压，以柔济刚，达到激发性欲的效果。每天按摩1次即可。

（1）腰部按摩：直立，两足分开与肩同宽，双手拇指紧按同侧肾俞穴，小幅度快速旋转腰部，并向左右弯腰，同时双手掌从上向下往返摩擦，约2~3分钟，以深部自感微热为度，每天2~3次。

（2）神阙按摩：仰卧，两腿分开与肩同宽，双手掌按在神

阙穴上，左右各旋转200次，以深部自感微热为度，每天2~3次。

（3）导引体操：两腿伸直坐好，自然放开，两手放在身后着地支撑身体，向外开足尖，同时于吸气时反弯上体，即躯干、头部后仰；接着足尖扭入内侧，同时于呼气中向前弯曲，但双手不能离地。这样前屈、后仰3~4次。

以上按摩方法，可以交替进行，但不可操之过急，而应持之以恒，只要坚持1~2个月，便可取得良好的效果。

7.调准生物钟

很多夫妻都曾遇到过这样的情况，有时一方"性"趣正浓，另一方却丝毫没有兴趣，常常以下班晚了或工作累了做借口。但有时下班晚了或工作累了，却依然能够"性"趣盎然……究竟是什么在影响着夫妻间的性需要？

原来，这种"性"趣变化与人体情绪和体力的生物钟息息相关。生物钟在运转中有高潮期、低潮期和临界期。当夫妻共同处于生物钟的高潮期时，精力充沛，情绪高涨，性欲旺盛，性生活的质量也理想。相反，如果两人都处于生物钟的低潮期或临界期时，则体力不济，情绪低落，性欲容易减退，性生活质量就差，有时还可能因此而出现性功能异常。

因此，如果夫妻生活偶尔出现不和谐的音符，不要自怨自艾，更不能相互指责。如果排除了一些疾病对身体的影响，就应该从生物钟的融洽与否上找找原因。如果同在低潮期或临界期，宁可停止几天性生活，也不要勉强进行，以免不欢而散。

8.别被技巧忽悠了

不少中年人的婚姻日渐平淡，就像白开水一样没有滋味，对此，某些人认为是夫妻缺乏"性福"所致，只要学习性技巧，达到性高潮就可以解决问题。而一些媒体，在提到婚姻时也必讲到性技巧，好像高超的性技巧是解决性不和谐的法宝。

性爱的美好感觉不是靠单纯的性技巧取得的，如果处于性欲初始的可调节状态，夫妻双方互相爱慕、吸引，可以加速血液循环，促进身体健康。而通过所谓性技巧来刺激性器官，强化性欲，夫妻双方爱恋相依的成分就会渐渐减退，从而造成婚姻中性和情的脱节。

想通过性技巧延长性交时间，就得依靠某些食物或药物，这就可能会影响身体其他部位的正常功能，特别是大脑的供血量。

因此，对性生活出了麻烦的夫妻来说，不要过于迷信性技巧，有病及时治病，没病放松心情，注重感情交流，才是真正的技巧。

远离妇科病

现在，世界上每3分钟就有一位女性遭受妇科病的威胁。那些原本陌生的字眼因为现代女性生活压力的增大及生活状态的改变，正在渐渐成为女性生活中不得不面对的一部分。如果你还在计算着从45岁以后再去重视妇科病的话，那么健康的生活将会离你越来越远！

现代女性大都因工作需要，白天在办公室淡妆浓抹、粉面桃花，但是在办公室以外，许多人都感到面容憔悴、气色欠佳。这正是妇科疾病大肆包围女性的结果。

其实，每个女性都明白妇科疾病的危害，可是真正到医院

检查和治疗的人少之又少，她们有的侥幸自己还年轻，有的则讳疾忌医，结果常常因此失去了最佳的治疗机会。

然而，你是否想过当你患有妇科病时，你需要经常奔波于医院中，挂号、诊断、治疗、复诊，需占用大量的时间与精力。而且，妇科病的复发率极高，反反复复，不断地缠绕着你，令你心烦意乱。

当你患有妇科病时，由此而引发面色晦暗、斑块形成，你还能神采飞扬、顾盼自豪地走在大街上吗？看着自己过早衰老的容颜，你还能自信地站在镜子前面吗？

当你患有妇科病时，夫妻之间的性生活不能和谐进行，或多或少会在双方的心里留下阴影，日久天长，甚至使双方感情出现危机……

为此，提醒广大女性：万不可对妇科病羞于启齿或抱有无所谓的态度，而应该积极地行动起来，全面阻击妇科病，从而免受身心痛苦，做健康美丽女人。

1.难缠的经前综合征

每次月经来前的几天，你都变得情绪不稳、焦虑紧张、爱发脾气、胸部肿胀、头痛、睡不好，注意力也难以集中。可是月经一来，这些症状就消失无踪了，这就是经前综合征。

经前综合征产生的原因主要有两种：一是由于水盐滞留体内所引起的组织器官充血、水肿及雌、孕激素分泌不平衡；二是由于精神过度紧张而导致大脑皮层功能紊乱。

虽然经前综合征很难缠，但只要采用正确的方法便可以取得明显的治疗效果：

（1）食物疗法。多吃些巧克力、梅子、番茄、菠萝等食物，可适当提升体内血清素的含量，达到控制PMS的目的。另外，可补充一些含有维生素B族和镁的复合元素片。

（2）中药疗法。以龙眼干一小把及老姜片若干，用热开水冲泡即可。平日也可以饮用，有补血之效；在生理期间再滴数滴白醋，可帮助血块顺利排出。

（3）西药疗法。镇静剂及止痛药可以适当改善经前综合征，帮助改善情绪问题，但这种药容易令人上瘾，故不提倡经常服用。

（4）性爱。性高潮可缓解肌肉痛及血液循环不畅，同时有助于清除充血器官内的血液及其他体液，可有效地缓解经前疼痛。

（5）服用长效避孕药对经前综合征也有改善作用。

2.阴道炎

阴道炎是最常见的一类妇科疾病，18~50岁的女性都有可能患上阴道炎。阴道炎大致可分为三类，包括滴虫性阴道炎、霉菌性阴道炎和非特异性阴道炎。

（1）滴虫性阴道炎。滴虫是一种原虫，很容易寄生在阴道里，其适应性很强，既可以通过男性携带者在性交过程中直接传染给女性，也可通过浴池、游泳池间接传染，还可以通过医疗器具间接传染。

女性在感染滴虫后，经4~28天潜伏期后出现阴道炎症状，表现为白带增多，呈灰黄色或乳白色，或呈泡沫状，带有腥臭味。外阴瘙痒，有灼热感，性生活时有疼痛感。滴虫侵犯泌尿系统时，可有下腹痛、尿频、尿痛症状。如滴虫沿尿路继续上行，则可导致上尿路感染，导致肾盂肾炎。

滴虫性阴道炎可用甲硝唑治疗。它可以杀死滴虫，每次口服200毫克，每天3次，7天为一疗程。口服甲硝唑后，少数人可出现食欲减退、恶心、呕吐等反应，偶见头痛、皮疹、白细胞减少。

（2）霉菌性阴道炎。霉菌性阴道炎又称念珠菌阴道炎，是由霉菌中的一种白色念珠菌感染而引起的，和滴虫恰恰相反，这种念珠菌在酸性环境中特别容易生长，一般是通过接触传播。

霉菌性阴道炎的症状有外阴瘙痒，白带增多，白带呈豆渣样或凝乳状，阴道内有灼痛感，排尿和性交时疼痛加重。

治疗霉菌性阴道炎可使用阴道栓剂，如米可定泡腾片及达克宁栓等，每天睡前以2%～3%的苏打液清洗阴道，再将药剂放入阴道深处，连续使用7～15天。

（3）非特异性阴道炎。这是除以上两种常见阴道炎外的其他阴道炎的统称，其患病原因有很多种，如阴道内损伤、过度的阴道冲洗、手术损伤、流产后子宫出血感染等。也有不明原因的非特异性阴道炎，多发于体质虚弱及个人卫生差的女性。其常见症状为白带增多，呈脓性或浆液性。病情严重时，白带有臭味，引起尿频、尿急、尿痛、阴道下坠感、灼热等症状。

患有非特异性阴道炎的女性，每日可用1%的乳酸或醋酸溶液低压冲洗阴道1次，然后涂抹磺胺粉或抗生素粉，7～10天后即可治愈。

3.子宫内膜炎

子宫内膜炎分急性和慢性两种：导致急性子宫内膜炎的主要原因是流产，产褥感染，子宫腔内安放避孕器、镭针，子宫颈扩张，诊断刮宫或宫颈电灼、激光、微波等物理治疗。性病等病原体上行性感染也可引起。此外，子宫内膜息肉、子宫黏膜下肌瘤等也常引起子宫内膜炎。慢性子宫内膜炎的病因基本与上述相同。

当女性患上子宫内膜炎时，会出现以下症状：下腹部坠胀疼痛，腰骶部酸痛；白带增多、稀薄、淡黄色，有时呈血性；月经仍规律，但经血增多，经期延长，痛经常见于未产妇。急性期可有发热。

子宫内膜炎会导致女性不孕或不育。因此，患有此病的女性如果想享受为人母的权利，就应该尽快对其治疗。

（1）控制感染：一般用青霉素静脉注射，持续到症状完全消失后，可改为肌注，持续1周左右停药。同时根据症状选择有力的抗生素配合治疗。

（2）对症治疗：如因流产不全等因素而导致的病状，需内服麦角流浸膏或益母草，促使子宫收缩，将感染性宫腔分泌物排出。

（3）生活调理：休息时取半卧位以利宫腔分泌物外流。饮食以易消化、高热量的半流质食物为宜。须保持大便通畅。下腹部冷敷或用热水袋、炒盐、坎离砂、中药等热敷。

4.宫颈柱状上皮异位

宫颈柱状上皮异位长期以来一直困扰着很多女性的健康，其发生通常与分娩、流产、产褥期感染或不洁夫妻生活损伤子宫颈有关，系病原体侵入而引起感染。宫颈柱状上皮异位发生后，会出现白带增多、黏稠，偶尔也可能出现脓性、血性白带现象，腰酸、腹痛及下腹部重坠感也常常伴随而来，夫妻生活时也可能会引起接触性出血，有时还会出现异味。

宫颈柱状上皮异位如果得不到积极的治疗，有可能发展为宫颈上皮内病变，甚至宫颈恶性病变。所以一旦确诊为宫颈柱状上皮异位，就应积极治疗。

治疗宫颈柱状上皮异位的方法很多，"海极刀"的治疗效果比较明显，而且该技术不会对女性的身体造成损伤，加之医生动作娴熟，对操作范围的广度和深度都有适度的控制，不会对生育造成影响，所以同样适用于未婚女性。

需要提醒的是，如果采用"海极刀"微创治疗，一般在月经干净后的3~7天最为适宜。治疗后，阴道分泌物可能会增多，有少量淡黄色的液体排出，有时可能也会有少量的出血。所以在治疗后1个月之内，应该避免做爱、盆浴及阴道冲洗，否则会造成感染。

5.卵巢肿瘤

卵巢对女性来说是至关重要的，它除了担负着生儿育女的功能外，对女性面容、体形、姿态的保持等都起着重要作用，可说是女人青春、美丽的源泉和"性"福花园。然而，这个"花园"很容易遭到卵巢囊肿的侵害。

卵巢囊肿发病率占妇科肿瘤的第三位，大多发生在20~50岁女性当中，有卵巢自行生成肿瘤或是其他脏器肿瘤转移所致两种情况。其在早期并无明显临床表现，患者往往因其他疾病就医在行妇科检查时才被发现。以后随着肿瘤的生长，患者有所感觉，其症状与体征因肿瘤的性质、大小、发展、有无继发变性或并发症而不同。但通常有下腹不适感、腹围增粗、腹内肿物、腹痛、压迫症状、月经紊乱等症状。

虽然卵巢肿瘤的良性与恶性的发生率为9∶1，却仍是对女性生命危害最大的妇科疾病。月经初潮前和绝经后女性，有卵巢性肿物，应考虑为肿瘤。无论是良性还是恶性肿瘤，所有卵巢实性肿块或大于6厘米的囊肿，都应立即进行手术切除。

恶性肿瘤除了手术方法外，还有放射、化学药物、免疫及一般支持等综合治疗。早期患者采用手术治疗可收到很好的效果，甚至可以彻底治愈。

保养"五脏之根"

肾是"五脏之根""生命之本",只有做好肾的养护,生命的"根本"才能枝繁叶茂、枝叶常青;肾也是女人美丽与健康的源泉,只有保持肾的健康,女人才能永远明艳照人、健康美丽。

容光焕发、肤色红润、发质乌亮,举手投足间充满青春活力——每一个女人都梦想永远拥有这一切。

然而,岁月无情,加之压力、竞争、操劳,使得皱纹爬上如花的面,色斑嵌入如玉的脸,枯涩附上原本乌亮的秀发,如柳的细腰也在不知不觉中变粗……为了延缓衰老,抓住青春,

女人们东奔西跑，寻求各种最新美容方法，然而，最终发现青春和美丽日渐远去，不能不倍感无奈和沮丧……

更可怕的是，随着女人青春的流逝，腰膝酸软、神疲力乏、失眠多梦、夜尿增多、畏寒肢冷、体弱多病、"性"趣冷淡等症状也会接踵而至。为了家，为了子女，女人们不得不强忍着躯体的病痛，不得不把生命流逝于困苦。

事实上，所有这一切，都是由肾虚所造成的！

女人以血为本，气血又是月经、孕育、哺乳的物质基础，而肾藏精，精又能生成气血。然而，中年以后，女人身体机能开始减退，肾功能也随之下降，导致肾虚肾亏，易造成气血两亏，阴阳失调，使女人出现腰膝酸软、精力疲乏、脸色苍白、褐斑滋生、皮肤干燥、头发干枯、性冷淡等衰老迹象。

俗话说，"男怕伤肝，女怕伤肾"。肾是女人的美丽之源、"性"福之轮。肾健康，女人就精力充沛，容光焕发，健康美丽；肾虚弱，女人就萎靡不振，脸色晦暗、百病缠身。因此，女人要保住美丽和健康，就要保住美丽健康之源——肾。

1.警惕察觉肾警报

由于肾虚没有疼痛，人们往往会对其麻痹大意，当病变由肾局部累及大部分肾脏时，或导致肾脏的功能出现障碍，表现

出尿中毒、氮质血症等肾功能不全症状时，往往已错过了最佳
的治疗时机。因此，你必须克服麻痹大意的思想，随时关注肾
脏发出的警报，以便赢得足够的时间，去关照那有病不轻言的
肾脏。

（1）脱发增多。头发渐渐干枯稀疏，失去光泽，脱发也
随之增多，这时你就要警惕自己的问题是不是与肾虚有关了。

（2）眼睑浮肿。早晨起床时，眼睛干涩，下眼睑浮肿得
厉害。注意，这些都是肾虚的信号，说明肾脏不能够借助尿液
的生成及时排出身体内的毒素，功能正在减退中。

（3）更年期提前骚扰。潮红、盗汗、月经周期拖后，情
绪波动……这些更年期症状如果找上了刚到30岁的你，就该去
检验一下你的肾是否有问题了。

（4）体重上升。食量并没有增大，生活一切如常，可体
重在不停上升，即使每天运动个把小时，效果也不甚理想。当
心，你的肾已经在发出警报啦！

（5）性欲冷淡。30岁出头的年纪本该是"如狼似虎"，
你却成了"尼姑"。肾虚可能就是罪魁祸首。

（6）怕冷。抵抗力明显下降，不仅畏寒怕冷，还经常感
冒。这些都是肾虚造成的。

（7）感染。泌尿系统感染、皮肤感染，出现经久不愈的疔、疖、疮时，万不可大意，应及时去医院检查血尿常规，因为频繁的感染常是引起肾脏炎症、影响肾功能的重要因素。

2.辨肾虚之阴阳

肾虚分为多种，想要真正护好你的肾，应先弄清楚各种肾虚之间的区别，选择合适的护肾方法才是最重要的。

（1）肾阳虚：以腰膝酸痛、形寒肢冷、精神困倦、舌淡胖有齿痕、脉虚弱为主要症状。肾阳虚症，多兼见夜尿多或尿后余沥等。

（2）肾阴虚：以头晕耳鸣、失眠多梦、潮热盗汗、咽干颧红、舌红少津、腰膝酸痛为主要症状。肾阴虚症，多兼见齿发早堕、便秘等。

（3）肾气虚：以神疲乏力、听力减退、腰膝酸软、小便频数、女子带下清稀、面白少华、舌淡苔白、脉微弱为主要症状。肾气虚症，多兼见气短，动则气喘等症状。

（4）肾精虚：以眩晕耳鸣、腰膝酸软、性机能减退、女子天癸早竭、过早衰老、神疲健忘、舌淡苔少、脉沉细为主要症状。肾精虚症，多兼见思维呆钝、行动迟缓等。

3.药补不如食补

所谓"药补不如食补"，就是面对各种各样的肾虚，采取各种各样的补法。

（1）肾阳虚：需补鹿肾、虾、虫草、羊肉、狗肉、麻雀肉、刀豆、韭菜、肉桂、海狗肾、海马等。

（2）肾阴虚：需补燕窝、灵芝草、银耳、羊乳、猪髓、猪脑、猪皮、猪蹄、乌骨鸡、鸽肉、龟肉、鳖肉、蚌肉、泥螺、黑大豆、黑芝麻、樱桃、桑葚、山药、何首乌、枸杞子等。

（3）肾气虚：需补羊肾、猪肾、火腿、鸡肝、泥鳅、豇豆、白豆、小核桃肉、栗子、莲子、肉桂等。

（4）肾精虚：需补紫河车、海参、鹿肉、鱼鳔、蜂乳、花粉、猪髓、羊肾、羊骨、黄牛肉、鸡肉、黑芝麻、菟丝子等。

4.养成好习惯

肾功能的好与坏，除了本身疾病影响外，还与日常的不良生活习惯、行为有很大的关系。所以，要想拥有健康的肾，还是从良好的生活习惯做起吧。

（1）注意腰部保暖。在气温较低的时节，要注意腰部保暖，以免风寒侵袭，使肾脏受损而影响或降低肾脏功能。

（2）调整饮食。长期高蛋白质和高盐分的饮食，会加重肾脏负担，损害肾功能。此外，运动饮料含有额外的电解质与盐分，有肾病的人需小心饮用。否则，容易病从口入。

（3）适量饮水不憋尿。尿液潴留在膀胱，就如同下水道阻塞后容易繁殖细菌一样，细菌会经尿道、膀胱、输尿管逆行感染肾脏，影响肾功能。

（4）戒除"美酒"和香烟。饮酒会影响机体的氮平衡，增加蛋白质的分解，增加血液中的尿素氮含量，这必然增加肾脏负担。香烟则会增加人体内的有害物质，诱发肾结石、膀胱结石或肾脏癌、膀胱癌的发生。

（5）不要乱吃药。许多市面上销售的止痛药、感冒药和中草药或外用药都有肾脏毒性，不要未经医师处方乱吃；对医师处方的抗生素、止痛药也应知其副作用。特别是已有肾功能损害的，应尽量避免选用对肾功能有损害的药物。

5.简单按摩，轻松健肾

多做一些简单的按摩，也能达到护肾健肾的功效。

（1）揉：先将两手对搓至手心热后，分别放在腰部两侧，手掌贴着皮肤，上下揉按腰部，直到有热感为止，每次200下左右，每天早晚各1次。此法可补肾纳气。

（2）按：两手握拳，手臂往后用两拇指的掌关节突出部

位，自然按摩腰眼，向内做环形旋转按摩，逐渐用力，以感觉到酸胀感为好，持续按摩10分钟左右，早、中、晚各1次。此法可防治因肾亏所致的腰肌劳损、腰酸背痛等症。

（3）搓：每日临睡前用温水泡脚，再将两手对掌搓热后，以左手搓右脚心，以右手搓左脚心，每次搓100下左右，以搓热双脚为宜。此法有强肾滋阴降火之功效，对肾亏引起的眩晕、失眠、耳鸣、咯血、鼻塞、头痛等有一定的疗效。

肾是"五脏之根""生命之本"，肾是人体的生命之源、美丽之源、气血生化之源。因此，女人要及时对肾进行精心的养护，补足"肾活力因子"，增强肾动力，才能有效地延缓衰老，留住美丽和健康！

人老骨先老

亭亭玉立，婆娑起舞，游山玩水，职场竞技，无不需要筋强骨健。渴望健康的你还在等什么呢？从现在开始积攒"骨"本，才能使"年轻时期获得理想的骨峰值，享用一生"的口号变成现实；也才能远离骨质疏松，为自己的健康加分！

身材高挑、亭亭玉立是女人们心中一种根深蒂固的美丽。然而，随着年龄的增长，人都会变矮一些，可谓"老缩"。与此同时，身体的毛病也会越来越多，不是这里痛就是那里麻木，一些人稍不注意就会骨折，其实这些都是骨质疏松的表现。

骨质为什么会疏松呢？其实，人体就像一台机器一样，随着年龄的增长，人体各部件都在发生着退行性变化，加上人体

内分泌功能减退，骨骼的新陈代谢功能也会减慢，骨骼组织的钙质会大量流失，骨质密度随之降低，从而引发骨质疏松。再加上一些职业女性整天坐办公室，缺乏日晒和锻炼，骨骼内血循环减少，骨骼的钙容易被吸收和移出骨外，更易患此病。

与冠心病、高血压、关节炎等疾病不同的是，骨质疏松在形成的过程中，没有任何明显的先兆，既无疼痛不适，也无行动障碍，是悄然而至的隐形病魔，所以常被人们忽视。而一旦骨质疏松得寸进尺、愈演愈烈时，不仅会令人疼痛不已、叫苦不迭，还会导致驼背、骨折、伤残，甚至危及生命。

预防胜于治疗！为了使骨骼挺拔健美一生，女人必须重视积攒"骨"本。关爱骨骼健康，才能远离骨质疏松，为健康加分！

1.多吃含钙丰富的食物

钙是身体中矿物化组织——骨骼和牙齿——的必需矿物质，也是维系骨密度的基础营养。健康人在20~30岁时，身体达到骨量贮存的峰值，是成骨的高峰时期，也就是说，体内的骨钙存量最大；但从30~50岁，人体内的钙存量就会逐渐下降，如果骨钙流失增多而钙存量过低就会发生骨质疏松。

所以，女人从30岁时，就要开始适量地补钙，而食物无疑是钙的最好来源。所以，你不妨在三餐中多加一些含钙丰富

的食物，如牛奶、乳酪、虾米、沙丁鱼、豆制品、西兰花、苋菜、花椰菜、芫荽、芹菜、紫菜、果仁及干果类等，这样对防治骨质疏松极有裨益。

与此同时，还要注意少吃会加速钙质流失或影响钙质吸收的食物，如咸鱼、咸肉等含盐高的食物和熏制的食品会影响钙的吸收，必须有所节制；近来广泛流行的粗纤维食品虽有通利大便、减肥的作用，但会吸附大量钙，不宜进食过多；酒精和咖啡会影响多种营养物质如钙及维生素的吸收，最好少饮或不饮；烟草中的尼古丁可使雌激素水平分解加速，并抑制肠管钙的吸收和骨细胞的运动，最好戒除。

2.适量服用钙剂

如果你没有从饮食中得到足够的钙，便可以适量服用钙剂，尤其是停经后的妇女。在补钙产品中，使用最多的是碳酸钙，但碳酸钙不适宜于胃酸缺乏的病人服用。而枸橼酸钙等有机酸钙，尽管钙含量较低，但比碳酸钙易溶解，适于胃酸缺乏的病人。磷酸钙不易溶解，不适于慢性肾衰的病人。对于肾功能不全或需要限制某种营养素摄入的人选择时更要谨慎。

3.当心孕期"钙饥荒"

女人在怀孕期间，肚子里的宝宝从骨骼中征收的"税款"

与你对他的爱一样多。具体地说，怀孕期间，假如你的饮食无法对小宝宝骨骼的形成和发育提供足够的钙，那么，小宝宝就会从你的骨骼中拼命汲取这种重要的矿物质。确实，一些孕期女性的骨骼非常脆弱，以至于生产时发生骨盆骨折。

所以，女人在怀孕期间，应按医生的指导服用足够的钙，钙的指导用量一般是在每天1500毫克左右，稍微高于普通人的钙摄入量。

4.劝君多喝一杯奶

牛奶不但富含高质量蛋白质、脂肪、碳水化合物、维生素和矿物质，而且还含有大量易被人体吸收的钙质，是世界公认的补钙佳品。

比如，日本人原先个子较矮，但二战后他们的平均身高增长了10厘米，就是因为他们在"民族"运动中注重搞好国民的饮食营养，提出了"一杯牛奶强壮一个民族"的口号，号召全体国民喝奶，增强体质。印度则于1971年发起了名为"白色革命"的奶类发展运动，使国民年人均奶占有量由以前的38千克提高到了今天的70多千克。我们的近邻泰国为了增强全民体质，也号召本国国民"为了国家，请你每天喝一磅牛奶"。

如今，我国喝牛奶的人也逐渐多起来，特别是中年女性，为防骨质疏松，每天应喝牛奶1~2杯。

5.补钙不忘补维生素D

提起骨质疏松，很多人立即会想到"缺钙"。然而，很多人自行服用了各类钙剂后，防治骨质疏松的效果并不理想。这是因为，骨质疏松并非单纯"缺钙"，维生素D摄入不足也有可能导致这种骨骼疾病。因为维生素D不但能促进钙质的吸收，还能提高骨细胞活力，使骨骼更强壮坚硬。

所以，在补钙的同时不要忘了补充维生素D。阳光可以将皮肤中的非活性维生素D转变为活性维生素D，有利于钙的吸收，共助骨质生成。因此，平时无论多忙，都应抽些时间到户外，尽量多晒太阳，以增加自身的维生素D。同时，可多吃一些富含维生素D的食物，如动物乳类及其产品、动物肝、蛋黄、肉类等。

6.多运动助补钙

适度及规律的运动能刺激骨的代谢，增加骨量，并能减少脱钙，从而有助于防止和减缓骨质疏松的进程。有研究显示，30岁左右的女性一星期步行4次，每次50分钟，一年内能增加0.5%的脊椎骨质；而没有运动者则损失了7%的骨质量。

为了避免发生骨质疏松症，平时一定要根据自身情况适当地做运动。轻度骨质疏松患者可选择跑步、打拳、游泳及球类

运动等；较严重者可选择活动量小、以身体上下运动为主的项目，如原地踏步、行走、慢跑等。即使是常年卧床的重患者，每天也应尽可能离床1小时，使骨组织能承受体重的负荷，同时，最好做一些适当的肌肉收缩活动，如活动肩、肘、腕、手指、踝及膝部等，这对推迟或延缓骨质疏松进程大有好处。

7.定期检查是关键

许多人误以为骨头不疼不痒，就不会患骨质疏松症。其实，骨质疏松症也被称为"无声的杀手"和"静悄悄的流行病"，大多数人在患病早期并不会出现明显的症状，只是感觉骨头酸痛、腰酸背痛等，这时要注意与骨刺、姿态不良等病因做鉴别诊断。一旦骨质疏松恶化，就会产生骨折，此时再去治疗，就难以再恢复正常的骨结构。

因此，无论有无骨质疏松症状，平时都应定期去医院进行骨密度检查，这有助于了解骨密度变化，做到有问题早发现、早治疗。

"播种行为，收获习惯；播种习惯，收获生命。"其实，就像在银行存钱一样，女人在年轻时就要重视积攒"骨"本，只有养成良好的习惯才能使"年轻时期获得理想的骨峰值，享用一生"的口号变成现实。

呵护乳房

世界上最美丽的山峰一定是女人的乳峰，如花朵般悄悄绽放，优美如无声的奇迹，赋予女人天生的美丽和自尊。可是，岁月的风雨会使之失去挺拔的风姿，不少病魔也会悄然而至。所以，女人在丰胸美乳的同时，别忘了时常巡视双峰，以及早发现病魔的蛛丝马迹，避免给身心带来痛苦。

女人胸前的双峰，虽不是香岚缭绕的青峦，却赋予女人天生的美丽和无限的魅力。拥有了健美的乳房，便拥有了曲线美，也便拥有了自信心。

然而，当女人经历了生活的风风雨雨，经历了事业的坎坎坷坷后，皱纹总是在不知不觉中爬上额头，皮肤一天比一天松

弛，最能体现女性美的乳房也开始松弛下垂……

最令人恐惧的是，乳房很脆弱，它的抵抗力比人体其他器官要低得多。因此，乳房成了众多疾病的温床，乳房疼痛、乳房肿块、乳腺增生、乳腺癌等疾病给女人的身心健康带来了灾难性的恐慌。

乳房是女人美丽自信的象征，也是健康活力的关键。不要偷懒，丢弃侥幸心理，健康生活从身体出发，让我们一起来关爱乳房。

1.保持适宜体重

一般说来，女性乳房下垂不外乎两个方面的原因：一是乳房肥大下垂；二是减肥后下垂，这是由于脂肪组织减少、皮下组织松弛所致。因此，肥胖的女性，尤其是在更年期时体重大幅增加的女性，平时应加强锻炼，合理安排饮食，保持适宜体重。而减肥瘦身的女性则不应为追求苗条而过分节食。否则，人虽苗条了，乳房却萎缩了。

2.丰胸美乳运动

有些女性的乳房松弛、下垂是由于胸部肌力衰弱所致，平时要注意锻炼胸部肌肉，比如，游泳、跑步、俯卧撑和扩胸运动等体育锻炼，都能促使胸部肌肉变得发达健美。

按摩也是锻炼胸部肌肉、促进乳房健美的有效方法。每天早上起床前和晚上临睡前仰卧在床上时，不妨用双手在乳房周围旋转按摩，先顺时针方向，再逆时针方向，直到乳房皮肤微红微热为止，最后提拉乳头数次，这样能刺激整个乳房，包括乳腺管、脂肪组织、结缔组织等，使乳房更丰满，更富有弹性。

3.多摄取丰胸食物

在进行丰胸运动的同时，从日常饮食中多摄取丰胸食物，能助你取得事半功倍的效果。以下食物你不妨多多食用。

（1）肉类：含丰富的蛋白质和胶质的肉类对丰胸的贡献很大，如猪尾或猪蹄等。

（2）蔬菜类：莴苣科植物对丰胸的效果最好，如生菜、莴苣、菜心等。

（3）瓜果类：木瓜在丰胸水果中排行第一，用青木瓜效果最佳，而熟的木瓜适合和肉类一起煲汤，也可直接食用或凉拌。

（4）干果类：红枣、桂圆都具有生津补血、滋阴补阳的功效，适合作为丰胸甜点。

4.沐浴健美乳房

在入浴前，要在乳房上敷一层起软化作用、含维生素的滋补性化妆油膏或润肤乳液，同时轻轻做滑动性按摩。

在沐浴时，如果乳房过小，可用毛巾交替做冷敷和热敷，10分钟交换1次；如果乳房过大，则用冷水冲浴；如果乳房下垂或为防止乳房下垂，最好用淋浴头从乳房下部往上冲，并环形地摩擦乳头周围，借以增强组织张力，使乳房坚挺。

在出浴后，用护肤液从乳头开始呈圆形向外擦，直至颈部，这样可以促进局部血液循环，使皮肤光滑润泽并有弹性，防止胸部皮肤的衰老、松弛。也可以冷毛巾轻轻揩抹，使肌肤收缩。

此外，在入浴前和出浴后必须喝一杯水，因为沐浴时往往会流汗，使体内水分减少，故需饮水加以补充。通过饮水能促使洗澡时发汗，有利于体内的新陈代谢。

5.保持正确的姿势

在日常生活中保持正确的姿势，才能让你的乳房挺起来，靓起来。

（1）不要含胸。

（2）不要塌腰。

（3）不要趴睡。

6.选用合适的胸罩

有些女性为了追求曲线美，故意戴大而挺的胸罩，其实并不好。胸罩过大，不能有效地起到托举作用，久而久之，会导致乳房肌肉松弛、下垂。

也有些女性喜欢使用过小的胸罩。胸罩过小，不仅会导致乳房血液循环不畅，不利于乳房的健康，严重者亦有引发乳腺癌的可能。因此，女性在选购胸罩时，一定要注意大小适中，同时要经常活动上肢，移动吊带在肩部的位置。

7.不要丰乳隆胸

一些爱美心切的女性，常常为自己的乳房偏小、不丰满、不高耸而烦恼，总是想方设法弥补这一"先天不足"。于是，丰乳霜、丰乳膏、手术隆胸也应运而生。

殊不知，目前市场上不少所谓健美丰乳霜、丰乳膏，大多含有雌激素，如己烯雌酚等，将其涂抹在乳房上，确实能使乳房有所增大，但效果并不持久，停用后乳房恢复原样。

更不容忽视的是，这些丰乳霜、丰乳膏还会引起色素沉着、黑斑、月经不调等不良反应，并会抑制自身体内雌激素的分泌，结果弄巧成拙，反而抑制了乳房的发育。

通过手术隆胸也会产生许多并发症，比如，血肿、感染、切口疤痕、假体破裂及外露等。如果为了追求乳房丰满而不择手段和不顾后果，那就可能得不偿失，甚至是十分危险的。

其实，除了少数确系乳房发育不良或患有某些疾病者需要

去医院诊治外，一般女性只要平时多吃富含蛋白质的食物，适量补充脂肪，并坚持胸部锻炼，都能促使乳房发育丰满，从而实现"自然美"。如果因遗传、体形等原因，乳房不能达到理想的"高"度，可以借助胸罩的功能，同样能增加女性的曲线美。

8.定期做自我检查

自我检查时可采用以下的方法：站在镜前，先将双手举起，查看乳房表面有无局部隆起、凹陷以及乳头有无抬高或内陷、溢液。

然后，将双手叉腰，用力撑在腰肋部，使胸肌紧张后对着镜子查看双侧乳房有无变化，皮肤的色泽有无改变，特别注意两侧乳房是否对称。

最后，用手触摸乳房，查看乳房内是否有肿块。小的肿块不易被触摸到，检查时可用左手托住乳房，用右手检查。乳房下部的肿块常被下垂的乳房掩盖，可托起乳房或平卧举臂，用另一手检查。深部肿块如按不到时，也可采取前弓腰位检查。

在检查过程中如发现异常情况，应及时到医院就诊。

乳房是女人性成熟的标志，它既是哺乳器官，又是个多事之区。因此，你一定要好好地呵护它！